土地使用和空间规划

——实现自然资源的可持续管理

[澳大利亚]格拉谢拉·梅特涅　著

陈韦　杨昔　余亦奇　郑玥　译

胡飞　肖志中　审校

中国建筑工业出版社

著作权合同登记图字：01-2018-8272 号

图书在版编目（CIP）数据

土地使用和空间规划：实现自然资源的可持续管理/（澳）格拉谢拉·梅特
涅著；陈韦等译.—北京：中国建筑工业出版社，2020.10
（国外城市规划与设计理论译丛）
书名原文：Land Use and Spatial Planning:
Enabling Sustainable Management of Land Resources
ISBN 978-7-112-25307-4

Ⅰ.①土⋯ Ⅱ.①格⋯ ②陈⋯ Ⅲ.①城市空间—空间规划—研
究 Ⅳ.①TU984.11

中国版本图书馆CIP数据核字（2020）第122251号

First published in English under the title
Land Use and Spatial Planning: Enabling Sustainable Management of Land Resources by Graciela Metternicht，
978-3319718606 Copyright © Graciela Metternicht, 2018
This edition has been translated and published under licence from Springer Nature Switzerland AG.
All Rights Reserved.
Chinese Translation Copyright © 2020 China Architecture & Building Press

本书经Springer Nature Customer Service Center GmbH公司正式授权我社翻译、出版、发行

责任编辑：刘 丹 董苏华
责任校对：姜小莲

国外城市规划与设计理论译丛

土地使用和空间规划——实现自然资源的可持续管理

[澳大利亚]格拉谢拉·梅特涅 著
陈韦 杨昔 余亦奇 郑玥 译
胡飞 肖志中 审校
*
中国建筑工业出版社出版、发行（北京海淀三里河路9号）
各地新华书店、建筑书店经销
北京点击世代文化传媒有限公司制版
北京中科印刷有限公司印刷
*
开本：787 毫米×1092 毫米 1/16 印张：10 字数：137 千字
2020 年 12 月第一版 2020 年 12 月第一次印刷
定价：88.00 元
ISBN 978-7-112-25307-4
（36081）

主要翻译人员

陈 韦 杨 昔 余亦奇 郑 玥

审校人员

胡 飞 肖志中

参与翻译人员

（按翻译章节排序）

朱志兵 徐 放 王立舟 宁 暕 许 琴

中文版序

　　建立国土空间规划体系并监督实施,将主体功能区规划、土地利用规划、城乡规划等空间规划融合为统一的国土空间规划,实现"多规合一",是国家空间治理现代化的历史必然,更是世界各现代国家对于各自空间治理的制度必备。国土空间规划不是简单换一个名称,也不是形式上的拼凑,而是进入现代文明、建构生态文明新时代空间治理的高级阶段的上层制度设计,既继承了空间规划中最早发育的城市规划知识理论体系、价值观体系和技术体系的工作主体,又扩大综合了空间规划工作客体对象的范围,形成国家领土内五层级别构成的国土空间整体体系。

　　我们处于构建中国国土空间规划体系的重要时期,也在不断探索着新时代中国国土空间规划的理论和方法。然而,我国过去的规划操作体系大多都是从苏联的工业化时代导入,甚至沿用的是前工业时代的规划思想。规划已经滞后于国家市场化、社会化、生态化和数字化空间发展现实,规划制度亟待升华。

　　其实,经历过工业文明的洗礼后,东西方殊途同归,形成的共识是:城市发展应当迎来生态文明,可持续发展才是人类共同的发展目标和命运共同所在。在生态文明新时代背景下,中国国土空间规划的理论和实践需要从国际经验中汲取养分、取长补短。但在国际经验借鉴时,我们需要准确把握各国"空间规划"的含义与语境。同是"空间规划",欧洲的用法多是作为规划体系的统称或者表达欧洲一体化意识的"城市和区域规划"的别称,我国则是在解决分割的行政体制下建构空间上诸多专项系统规划"多规合一"的现代治理体系的关键阶段。澳大利亚新南威尔士大学格拉谢拉·梅特涅（Graciela Metternicht）教授认为："无论是考虑传统的土地使用规划，还是空间规划、生态环境规划等变体，其共同特征都是需要占用实体空间，其面临的挑战都是确保最有效地利用极其有限的土地资源，在国家、区域和地方层面为可持续发展作出贡献。"这是我非常认同的观点，也是国家空间规划体系的质量评价的关键。

格拉谢拉·梅特涅教授在《土地使用和空间规划：实现自然资源的可持续管理》一书中，将各类空间性规划统称为"土地使用规划"，并细分为综合性土地使用规划、空间性土地使用规划（空间规划）、参与式土地使用规划、村庄土地使用规划、乡村地区土地使用规划、区域性土地使用规划（区域规划）、生态型土地使用规划（生态环境规划）等类型。同时，格拉谢拉·梅特涅教授在该书中还另辟蹊径地明确了"土地使用规划"的类型、方法和最佳实践原则，阐述了"土地使用规划"在可持续自然资源管理中的成效、机遇与挑战，并综合考虑了地理区位、地域类型、行政层级和空间尺度等因素选取了9个案例进行深入剖析，对我国国土空间规划的理论和实践具有很高的参考价值。

当然，我们要把借鉴国际经验与适应中国国情有机结合起来，中国国土空间规划的理论和方法还有赖于全行业结合各地实践进一步探索和完善。建立国土空间规划体系并监督实施，我们深感重任在肩、使命光荣，但正如梁鹤年先生所言："规划是希望的事业、乐观的事业、积极的事业！"让我们彼此包容，携手共进，为国土空间规划建构贡献一份力量！

本书译者投入了大量精力将本书翻译成中文，功不可没，向各级空间规划管理的干部和师生推荐此书，作为工作学习研究的重要参考文献。

是为序。

前　言

随着经济社会的不断发展，各类用地和生态系统服务需求对土地资源的竞争日趋激烈。粮食安全、可再生能源目标以及迅速兴起的碳交易市场等议题加速了退耕还林或耕地转向生物能源生产等一系列土地使用类型转变的过程。与此同时，人们对生态系统服务（供给服务、调节服务、支持服务和文化服务）的需求也不断增加。因此，需要通过有效分配自然资源来统筹各类需求，协调各方利益。土地使用规划能够提供多种可持续的土地利用方案，并有助于在各类土地用途的竞争与冲突中寻求平衡。

本书介绍和讨论了土地使用规划、空间规划、区域规划以及生态型或环境型土地使用规划的作用，基于自然资源可持续管理的原则，上述规划可以加强土地治理、促进经济增长，提供保护与发展相平衡的土地利用备选方案。

案例分析表明，土地使用和空间规划可通过以下方式实现自然资源可持续管理：保护自然资源与农业用地免受城市蔓延的侵占；确保土地利用能够反映土地承载能力或土地适宜性；阻止或减缓植被退化过程；避免土地退化或土壤污染的发生，或对其进行规划修复；保护或建设生态廊道；对于沿海地区则应考虑海平面上升和风暴潮增加对土地利用产生的影响。

土地使用规划有助于保护淡水资源的质量和数量，加强对自然灾害易发地区的管理（如洪泛区），保护自然栖息地不受破坏。在公有土地内，土地使用规划对牧场的可持续管理有协助作用，也可为解决与土地用途、土地产权相冲突有关的问题提供依据，强化土地治理体系。

本书传达的主要政策信息包括以下内容。

（1）综合性的土地使用规划是自然资源可持续管理的工具，同时也是促进可持续发展的重要手段（Walsh，2006）；它为实现环境友好、社会公平、经济合理的土地利用方式创造了先决条件（GIZ，2012）。

（2）土地使用规划应重点考虑土地覆被（land cover）和土地利用（land use）两方面问题，而后者与更为广泛的土地问题密切相关。

（3）土地使用规划的核心是对未来的土地用途进行统筹考虑。因此，通过对未开发的土地进行潜力评估，土地使用规划能够有效地保护和修复自然资源与生物多样性。

（4）土地使用和空间规划一方面能够协调土地利用与环境问题，解决部门利益与土地用途之间的潜在冲突（ESPON，2012）；另一方面，有利于明确共有土地❶上约定俗成的土地权属，并提升土地权属的稳定性。

（5）自然资源可持续管理需要通过土地使用规划来解决各类土地利用需求之间的矛盾，而土地使用规划的编制需要完备的财政体系、法律制度和技术手段作为支撑，最重要的是合理制定协调人类活动与环境保护的政策措施。

（6）基于对领土动态❷的监测和研究，通过在区域层面的综合规划

---

❶ 根据联合国粮农组织的研究，土地的共有制（communal land）是指某团体拥有的稳固的、排他性的集体权利，以拥有、管理和使用土地及自然资源为主。这些土地和自然资源被称为共有资源，包括农业用地，牧场、森林资源、渔业、湿地和灌溉用水资源。这种土地权属制度在非洲和亚洲的非城镇地区已经流行了数百年，是一种古老的、沿袭成为社区传统的土地制度。——译者注

❷ 领土动态（territorial dynamics）是欧洲空间规划观测网络（European Spatial Planning Observation Network，简称ESPON）定期发布的一系列监测和研究成果，聚焦于欧洲范围内包括土地在内的各类自然资源的分配和使用情况。欧洲空间规划观测网络的职责主要是研究欧盟区域发展的政策基础和实施办法，以及未来相邻国家的空间关系，从2002年开始运行至今已经发布了多项关于欧盟国土空间发展的研究报告。——译者注

政策制定中统筹考虑多部门政策实施的需要（如土地用途、能源和水资源管理），有利于实现区域自然资源可持续管理的目标。

（7）预测未来发展对区域自然资源的长远影响可通过区域层面的规划来实现，且区域规划可将自然资源保护和管理的责任分配至各利益相关群体。

（8）在公众参与、多部门政策整合和自然资源潜力评估等基础上，土地使用规划可扩大高质量数据的使用范围，深化各利益相关群体的合作，提高政策和制度的一致性，这些积极转变正是可持续发展目标（Sustainable Development Goals，简称 SDGs）❶ 实现的基础。

格拉谢拉·梅特涅

2017 年 10 月于澳大利亚悉尼

---

❶ 联合国可持续发展目标是联合国 193 个成员国在 2015 年可持续发展峰会上正式通过的一系列新的发展目标，其旨在从 2015 ~ 2030 年间以综合方式彻底解决社会、经济和环境三个维度的发展问题，转向可持续发展道路。17 个可持续发展目标具体包括：消除贫困，消除饥饿，良好健康与福祉，优质教育，性别平等，清洁饮水与卫生设施，廉价和清洁能源，体面工作和经济增长，工业、创新和基础设施，缩小差距，可持续城市和社区，负责任的消费和生产，气候行动，水下生物，陆地生物，和平、正义与强大机构，促进目标实现的伙伴关系。——译者注

致　谢

　　本书获得了《联合国防治荒漠化公约》(United Nations Convention to Combat Desertification，简称 UNCCD)❶组织秘书处官员萨沙·亚历山大(Sasha Alexander)和其他两位匿名评审者的无私帮助。同时，我也想感谢慕尼黑应用科技大学(德国)的娜塔莉亚·易普拓(Natalia Ipatow)为本书所做的图表绘制工作。本书是《联合国防治荒漠化公约》组织委托的一项研究。

---

❶ 《联合国防治荒漠化公约》(以下简称"公约")是 1992 年里约热内卢环境发展大会框架下的三大重要环境公约之一。该公约于 1994 年 6 月 17 日在法国巴黎外交大会通过，并于 1996 年 12 月 26 日生效。截至 2014 年 8 月，共有 194 个缔约方。公约的宗旨是在发生严重干旱和 / 或荒漠化的国家，尤其是在非洲，开展防治荒漠化、缓解干旱的行动，以期协助受影响的国家和地区实现可持续发展。——译者注

核心概念

最佳实践是经研究和实际案例验证过的，可产生最优结果并适合于推广的实践方法和过程（Merriam-Webster）。

生态系统修复是通过人力介入来协助已经退化、受损和被破坏的生态系统进行恢复的过程（SER，2004）。

土地使用规划是对土地资源和水资源的潜力进行全面评估、对各类土地利用的备选方案进行权衡以及对土地开发利用的外部经济社会条件进行系统的评估，以便选择和采用最能够满足需求的土地利用方案。

本书中的表2-1介绍了以下几类土地使用规划：

生态型土地使用规划；

综合性土地使用规划；

参与式土地使用规划；

区域性土地使用规划；

乡村地区土地使用规划；

空间性土地使用规划。

复合功能景观是具备不同功能并结合了各种特质的景观（即在某一类景观中，不同的物质环境与人类社会活动能够同时发生，并产生互动关系），在此类景观中，生态、经济、文化、历史和美学等方面的功能能够共存（ESPON，2012）。

半城市化地区指的是在城市建成区及其乡村腹地之间的区域。大型的半城市化地区包括在城镇集群中的小镇和乡村，这些地区往往发展很快，呈现出复杂、多样且破碎的土地利用特征和景观特征（Zivanovic-Miljkovic 等，2012）。

政策指组织或个人提议或采用的行动方针或行动原则。

可持续利用是以一定的方式和一定的速度对生态系统的组成要素进行开发利用，不会导致生物多样性的长期下降，从而保持生态系统的潜力以满足当代和后代的需求（《联合国生物多样性公约》Convention on Biological Diversity）。

自然资源可持续管理指通过适当的管理政策和实践，使土地使用者能够最大限度地利用土地的经济和社会利益，同时维持或增强与其关联的资源（如土壤、水、植被和动物）的生态支持功能（Liniger 等，2011）。自然资源可持续管理结合了社会经济原则和环境科学技术，在维持或提高土地生产能力的基础上，保护自然资源的潜力并防止土壤、植被和水资源的退化，同时保证经济上可行，并能够为社会所广泛接受（Smyth and Dumanski，1993）。

Key Definitions

Best practice: a procedure that has been shown by research and experience to produce optimal results and that is established or proposed as a standard suitable for widespread adoption (Merriam-Webster, n.d.) .

Ecosystem restoration: the process of assisting the recovery of an ecosystem that has been degraded, damaged, or destroyed (SER 2004) .

Land use planning: the systematic assessment of land and water potential, alternatives for land use and economic and social conditions in order to select and adopt the best land use options. Its purpose is to select and put into practice those land uses that will best meet the needs of the people while safeguarding resources for the future FAO 1993.

See Table 2.1 for:

• Ecological land use planning;

• Integrated land use planning;

• Participatory land use planning;

• Regional land use planning;

• Rural territorial land use planning; and

• Spatial land use planning.

Multi-functional landscapes: landscapes which serve different functions and combine a variety of qualities (i.e., different material, mental, and social processes in nature and society occur simultaneously in any given landscape and interact accordingly); ecological, economic, cultural, historical, and aesthetic functions coexist in a multi-functional landscape (ESPON 2012) .

Peri-urban zone: area between an urban settlement and its rural hinterland. Larger peri-urban zones can include towns and villages within an urban agglomeration. Such areas are often fast changing, with complex patterns of land use and landscape, fragmented between local and regional boundaries (Zivanovic-Miljkovic et al. 2012) .

Policy: a course or principle of action adopted or proposed by an organization or individual (Dictionaries, n.d.) . Strategies provide a means to implement policies. Actions describe specific elements within a strategy.

Sustainable use: the use of components of biological diversity in a way, and at a rate, that does not lead to the long-term decline of biological diversity, thereby maintaining its potential to meet the needs and aspirations of the present and future generations (Convention on Biological Diversity 1992) .

Sustainable land management (SLM): adoption of land use systems that, through appropriate management practices, enable land users to maximize the economic and social benefits of land, while maintaining or enhancing the ecological support functions of its resources (soil, water, vegetation, and animal resources) (Liniger et al. 2011) . SLM combines technologies, policies, and activities aimed at integrating socioeconomic principles with environmental concerns, so as to simultaneously maintain or enhance production, protect the potential of natural resources, and prevent (or halt) soil, vegetation, and water degradation, while being economically viable and socially acceptable (Smyth and Dumanski 1993) .

目　录

1

第1章 引言

随着经济社会的不断发展，各类用地和生态系统服务需求对土地资源的竞争日趋激烈。粮食安全、可再生能源目标以及迅速兴起的碳交易市场等议题正加速影响耕地向其他用途转变的过程，如退耕还林或将耕地用于生物能源生产。与此同时，随着人口的快速增长，人们对生态系统服务（如供给服务、调节服务、支持服务、文化服务）❶的需求也不断增加，土地用途的转变能够增加某类生态系统服务的供给，也必然会导致其他生态系统服务的减少（详见专栏 1）。《2017年全球土地展望》❷（UNCCD，2017b）认为，虽然土地是一种稀缺资源，但有证据表明，随着我们采取更加有效的规划手段、创造更加可持续的消费和生产行为，在未来相当长的一段时间内，土地资源仍能满足经济社会发展的基本需求以及更广泛的商品和服务需求。而后者需要对各类商品和服务供给之间日益激烈的竞争进行协调，同时兼顾不同利益主体之间的价值取向和利益冲突；在此过程中，土地使用规划能够实现土地资源的合理配置，提供可持续的土地利用备选方案（Bryan 等，2015），并在各类土地用途的竞争与冲突中寻求平衡（GIZ，2012）。

本书主要介绍了土地使用和空间规划的地位与作用，以及自然资源（如土地资源、水资源、生物多样性等）可持续利用与管理在促进经济社会发展方面的方法与路径。第 1 章探讨了在土地系统中土地使用规划

---

❶ 生态系统服务是指人类从生态系统获得的所有惠益，包括供给服务（如提供食物和水）、调节服务（如控制洪水和疾病）、文化服务（如精神、娱乐和文化收益）以及支持服务（如维持地球生命生存环境的养分循环）。人类生存与发展所需要的资源归根结底都来源于自然生态系统。——译者注

❷ 《2017 年全球土地展望》（2017 Global Land Outlook）是联合国出版的研究报告，也是其重要的战略传播平台。该报告展示了土地质量对人类福祉的重要性，通过评估当前全球土地用途转变、土地质量退化和土地流失的趋势，以及导致该过程的驱动因素和带来的影响，为将要面临的挑战和机遇提供方案，并在全球和国家范围内为土地政策、规划和实践提供全新的变革性愿景。——译者注

与土地利用变化的关系，以及影响土地使用规划的各相关因素。第 2 章
简要描述了不同土地用途的时空演变以及土地使用规划的基本要求。第
3 章基于自然资源可持续利用与管理导向，明确了土地使用规划的最佳
实践原则，并通过案例介绍了基于上述原则所形成的土地利用政策。第
4 章论证了土地使用和空间规划在自然资源可持续利用与管理、促进经
济社会发展、强化土地治理等方面发挥的作用。第 5 章总结了土地使用
规划在促进国际社会达成一致的发展目标中的贡献与所起的作用。第 6
章分析了土地使用和空间规划在面对自然资源可持续利用与管理、区域
协调发展时面临的一些挑战。

专栏 1　土地面临的压力

● 全球陆域面积约 10% 处于人类集约管理的状态，约 50% 处
于中度管理的状态，约 20% 处于粗放管理的状态；

● 从范围面积上看，畜牧、森林采伐和植树造林是三种最主要
的土地利用活动，约占全球陆域面积的 60%（Erb 等，2016）；

● 全球陆域面积的 38.5% 用于农业；

● 全球用水量的 95% 用于农业；

● 全球总能耗的 2% 用于农业和林业（Erb 等，2016）。

1.1

土地使用规划——助力自然资源可持续管理

自然资源可持续管理涵盖生态、经济和社会文化可持续发展等领域（Hurni，1997），包括土地使用规划、土地使用设计和土地开发等过程（GIZ，2012）。自然资源可持续管理的应用与推广需要借助相应的技术和方法，而土地使用规划已经被证明在此方面行之有效（Bryan 等，2015）。土地使用规划、空间规划、国土（或区域）规划，以及新近出现的生态型或环境型土地使用规划（见表 4-1）有效促进了自然资源的可持续利用和管理。而上述目标的实现需要充分考虑到不同利益主体的目标差异，并对多元化的利益诉求和矛盾冲突进行协调平衡。土地使用规划的目的之一就是协调当前和未来的社会需求，促使两者之间的矛盾最小化（Hersperger 等，2015）。

1.2

土地系统中土地使用规划与土地利用变化的关系

土地开发涉及土地用途的转变。当我们要分析和解释过去的土地利用模式并预测未来的土地利用模式时，评估土地利用与土地利用变化背后的驱动因素是十分必要的。图 1-1 描述了土地利用变化的驱动力与压力，及其对土地使用规划必要性的基础支撑作用。地理特征、人口变化、经济增长、政治环境、不同层级战略和政策等相关驱动力相互作用，不断推进城镇化、农业集约化、土地利用专业化的进程。

图 1-1 表明，土地使用规划影响着环境的状态：土地使用规划的实施对环境和经济社会既可以产生积极的影响，也可能导致消极的后果。规划体系的建立和实施既是土地利用变化的驱动力，也是土地利用变化的响应，有利于形成环境友好和合理的土地利用与管理模式，产生一系列正面效应。如解决土地退化，促进生态修复或恢复，化解各种用地需求之间的矛盾，维持区域可持续发展的凝聚力。与空间规划、交通规划、海岸带综合管理、水资源综合管理相关的政策直接影响到土地利用与土地利用变化，土地利用变化也间接受税收和激励政策、气候变化和移民政策、可持续发展战略、区域发展议程等政策工具的影响（Lambin 等，2014）。

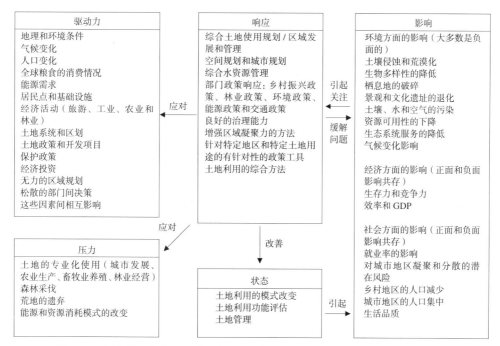

图 1-1　土地利用变化的驱动力与压力和规划必要性的基础支撑及规划的响应

（来源：Walsh，2006）

1.3

土地用途、土地治理和土地产权：影响土地使用规划的相关因素

较弱的治理能力会限制规划对可持续发展的作用，加快土地的退化并激化土地用途之间的冲突（专栏2）。案例表明，许多国家没能有效阻止脆弱生态系统的衰退，是因为他们没有将土地使用规划和土地治理措施结合起来（Brassett等，2011）。

能够强化土地治理的土地使用规划应具有以下特点。

● 对自然资产的保护具有明确的目标，强调并聚焦于综合的自然资源规划。

● 从空间上追踪和评估在开发过程中减少的土地类型（如森林、农田等），以便能够区别城市增长边界内外、计划之中和计划之外的土地损失。

● 基于土壤类型和其他地质信息，建立一套监测系统来追踪和评估土地质量在开发中的损失。

● 使用空间数据来研究土地开发对林业和农业生产及生态效益的影响，以及土地使用规划对该影响的补偿效应。

● 分析规划方案如何通过保护土地资源来保障生活质量（Gosnell等，2011）。

**专栏 2　以案例的形式来说明治理带来的效果，以及牧场因缺乏
土地使用规划而导致土地退化**

埃塞俄比亚的牧区以降雨稀少、气候多变著称，牧场分布不
均，生产能力高低不一。由于缺乏空间规划框架，政府主导的牧
区土地使用规划严谨性不足，并且时常相互矛盾；政府的决策过
程往往是在没有与其他层级政府协商的情况下进行的，而且缺少
当地土地使用者的参与。这导致了不同群体在土地利用上存在矛
盾，造成了当地水资源的压力，产生了广泛和长期的社会负面影响。
因为居民点、带围栏农业设施的建设和沿河岸的农业发展地区缺
乏规划，畜牧农户每天的放牧线路都被严重阻隔，致使从前高产
的牧场正在变得越来越分散。并且，地方的土地使用规划并没有
被包含到地方政府的发展计划中。

2013 年，埃塞俄比亚政府启动了国家土地使用规划政策的
编制和实施，然而却选择了一个村（Kebele）作为试点——这是
该国最低的治理层级。埃塞俄比亚政府很快就意识到，需要用不
同的规划政策来反映各层级空间尺度的差异，如不同尺度下规划
单元、生态单元和土地用途单元的差别。因此，政府对规划政策
进行了完善，开始实施参与式、以社区主导的土地使用规划。这
项政策最初在区域层面实施，并且基于牧区的社会政治、经济、
文化背景以及他们传统的土地利用模式进行多次政策优化改良，
在当前的政策中，保持交通体系和畜牧迁徙路线的顺畅是建立一
个健康且具有高生产力牧区的关键。

（来源：Tigistu Gebremeskel，2016）

良好的治理结构能够通过协调不同部门之间的政策和利益建立可靠的土地利用管理模式。因此，提升土地治理能力能够带来多种积极的成果，包括改善粮食经济、环境效益、生态安全和生态稳定。世界各地关于加强地方治理的研究报告显示，大多数土地治理的方法可以适应不同的政治和文化背景的差异（Davies，2016）。

土地产权制度是影响土地使用规划的另外一个因素（见专栏3）。每一块土地的用途选择都要事先明确潜在的使用者，而现存的产权制度和财产制度也会影响未来土地用途的选择过程。当一个区域内有两种或两种以上的产权制度共存时，就会引发土地利用矛盾，正如在埃塞俄比亚发生的那样——在高海拔地区的农业地区，私人土地所有权比较普遍；而在低海拔地区的牧区，社区共有的土地所有权更加普遍（见专栏2）。

专栏3　与土地使用规划相关的土地产权问题

● 现状私有、共有和开放的土地所有权❶存在边界和范围的重合问题。

● 现状私有、共有和开放的土地所有权与水资源、矿产资源和森林资源等自然资源间的空间重叠。

● 地方民众的土地或自然资源权益，如原住民中世代沿袭的土

---

❶ 根据联合国粮农组织在《农地制度和乡村发展》一书中的定义，土地产权通常分为以下四类：一是私人所有权，即将土地的所有权利转让给私人和私人团体，在私有土地中，未经权利所有者的同意，可以禁止其他成员使用这些资源；二是社区共有权，即社区中的每个成员都有独立使用土地财产的权利，常见的如社区成员有权在公共牧场上放牧牛羊；三是开放性产权，即未将土地权利分配给任何人，因此不能排除任何人的使用，如在未指定权属方的森林中，所有人都可进入和采摘果实；四是土地国有制。——译者注

地所有权和宗族土地所有权以及其他一些非正规土地所有权形式之间存在的矛盾。

- 土地所有权的衍生权利如通行权、取水权和伐木权的界定。
- 行政边界与土地权属间的矛盾。
- 国家和地方政府在自然资源管理方面的事权划分。

第 2 章 规划：可持续自然资源管理语境下的内涵和演变

2.1
内　涵

　　规划是社会经济发展和政治进程中的重要组成部分，同时也被其紧紧约束着（Owens，1992）。土地使用规划的编制过程和实施取决于以下三方面因素：首先是待规划用地单元所涉及的利益相关者，包括直接相关者和受到间接影响的相关者；其次是待规划土地各方面的特征和限制因素；最后是在现行的政策背景下针对待规划的土地，提出切实可行的土地利用备选方案，为下一步确定规划方案打下基础。从纯粹的技术视角来看，土地使用规划涉及的因素包括土地产权制度、土地规模、土地质量、土地适宜性和有潜力的发展用途；同时，土地开发中所必需的技术以及待规划用地上居民的人口结构、生活习惯和发展诉求等都应当在规划过程中进行综合考虑。尤其需要注意的是，这些因素之间产生的相互影响和相互作用也应当被纳入考量（Agrell等，2004）。

　　土地使用规划是确定国家层面优先发展项目、区域和地方各层级优先实施的项目中非常重要的一个环节，因为其包含的土地评估能够进一步转化为初步的土地利用方案。土地使用规划现在已经成为可持续的社会、生态和经济发展的一大核心前提，为了实现可持续发展这一目标，土地使用规划演变出不同的形式，本章将一一介绍。

2.2

土地使用规划的类型

20世纪60至70年代，土地使用规划从一种自上而下且由专家驱动的技术方法，发展成为一种进行土地适宜性评价的综合方法；从1980年开始，这种单一技术驱动的方法继续向多方参与的综合性方法转变，除了规划专家之外，政策制定者、普通市民等群体都参与到这一规划进程中（Bourgoin等，2012），使得土地使用规划成了国家管理体制的重要组成部分，并与经济发展和财政规划紧密结合在一起。

土地使用规划的内涵随着时间变化不断充实，包含了与可持续发展模式相关的各类因素，如土地开发的经济可行性、土地开发的适宜性和生态可持续性以及开发项目的社会接纳程度等。在其概念不断拓展的过程中，各种新的规划类型和专业术语逐渐发展起来，1980年以来传播较为广泛的规划类型包括总体规划、空间规划、参与式规划、乡村规划和区域生态规划等（见表2-1、图2-1）。回望"土地"这一概念在近年来的演变，我们发现其内涵转变与人地关系的改变并行不悖——在18世纪时，土地等同于"财富"；从18世纪后期到第二次世界大战时期，土地逐渐被看作一种"商品"；到了20世纪70年代，土地的概念转变为一种"稀缺资源"；而从20世纪80年代至今，土地开始被视为一种"稀缺的社区资源"，也就是在充分肯定土地稀缺性的基础上，强调土地是归属于某一个群体，故而具备"商品"和"财富"的属性。在本书中，我们将空间规划视作土地使用规划的一个重要组成部分（Ting等，1999）（见图2-1）。

如果能够借助海量数据模拟出各类土地用途的空间组合所带来的综合效益，那么土地使用规划的有效性将会大大提升（Gaaff and

图 2-1　土地使用规划及相关规划的关系

Reinhard, 2012）。土地使用规划从一开始就具有鲜明的"空间"属性，直到 20 世纪 80 年代的现代主义规划思潮时期，规划才真正地开始从蓝图式导向的总体规划设计（master plan）转型为过程导向的政策活动（Okeke, 2015）。从规划所覆盖的空间规模和考量的因素等方面来看，空间规划逐渐演变为一种更加综合的概念；同样，其在不同的政治语境和环境文脉中会产生多种形式上的变化，这取决于当地的政治制度、法律框架和组织结构，以及当地的文化背景和规划传统（Healey, 1997）。

　　空间规划与各国的经济发展息息相关，通过确定区域层面的土地用途，其有助于推进基础设施的规划与建设，特别是交通规划（Okeke, 2015）。因此，空间规划的重要性得到了各级政府的广泛认可，其对政府的决策行为和模式也产生了深远的影响。政府认可和采纳的空间规划，往往侧重于支持和引导经济发展与提升居民生活水平，而这些目标都是通过空间规划中对发展项目的布局安排和时序安排来实现的，在第 3 章中我们将结合案例对此进行说明。空间规划在各国的实践表明，规划的作用不仅仅局限于传统的控制性规划和土地区划中对土地用途和土地开发的限制，而是有着更加积极的意义（Morphet，2007）。

根据规划实施情境的差异，空间规划的形式有很大变化，它既可以成为地方发展规划中阐述空间资源安排的一个章节，也可以成为涵盖各级行政单元，包含社会发展、经济发展和环境保护等多方面内容的综合性规划（GIZ，2012）。如表2-1和欧盟案例研究（见附录B3）所示，空间规划的区域差异也很大。目前，空间规划逐渐转变成为解决相互冲突的空间需求的一种政策工具，其目标是统筹协调某个地理区域内需要占用实体空间的各类活动，其方法是分析比较各层面的发展战略落实在空间维度上可能存在的问题（Okeke，2015）。

无论是考虑传统的土地使用规划，还是空间规划等变体（见表2-1），其面临的挑战都是确保最有效地利用极其有限的土地资源，在国家、区域和地方层面为可持续经济发展作出贡献，以及确保自然资源的均衡开发和利用（如兼顾土壤保持、水资源保护和生物多样性保存）（Brackhahn and Kärkkäinen，2001）。

土地使用规划及其相关规划类型的衍生　　　　　　　　　　表2-1

规划名称	定义和目标	实践案例
土地使用规划	对土地资源和水资源潜力、土地利用比选方案以及经济和社会条件进行系统性评估，以便选择和采用最佳土地利用方案。其目的是选择并实施最能满足人们需求的土地用途，同时保护供下一代使用的资源（FAO，1993）	广泛应用于发展中国家和发达国家，包括区域、地方、乡村地区的土地使用规划
空间性土地使用规划	为社会一定区域的经济、社会、文化和生态政策提供地理层面的表达。它同时具备了学科特点、技术特点以及公共政策属性，区域层面的空间性土地使用规划较为常见，它能够利用跨学科的综合方法，实现空间资源的合理匹配并均衡地满足区域发展诉求	欧盟区域/空间规划（CEMAT，1983）

续表

规划名称	定义和目标	实践案例
综合性土地使用规划	在考虑到不同土地所有者的差异化需求的基础上,评估和分配土地资源,为畜牧区、农产品区、工业发展区和其他功能区域提供土地(Liniger,2011;Agrell等,2004;Giasson等,2005;Walker等,2007)	肯尼亚Bungoma地区的农业发展区域规划(Agrell等,2004),伊朗的流域层面土地利用和水资源配置专项规划(Ahmadi等,2012),基于风险敏感性的土地使用规划——以尼泊尔、西班牙和越南为例(Sudmeier-Rieux等,2015)
参与式土地使用规划	用于规划作为社区共有财产的土地,在共有土地功能退化严重的社区/地区/部落,以及存在土地产权冲突的地区非常适用(Liniger,2011;Rock,2004)。 参与式规划可以通过利益相关者之间的协商过程,以及共同制定以可持续土地管理为目标的约束原则来实现。参与式规划的参与单元可以是社会单元(如一个社区、一个乡镇)也可以是地理单元(如一个流域、一片牧区)。 这种以人为本、自下而上的规划方法需要建立在充分认识不同地域之间的社会、文化、经济、技术和环境差异的基础上(GIZ,2012)	北坦桑尼亚牧场土地使用规划(Kaswamila and Songorwa,2009),西印度洋留尼旺岛——基于生物多样性的空间规划(Lagabrielle et al. 2010),南佛罗里达城镇规划(Labiosa等,2013)
村庄土地使用规划	也是一种基于参与式方法的规划类型,将基于社会属性的社区团体与地理上的空间区域联系起来,通过向他们传授规划的知识与技能,帮助这些团体实施可持续管理计划。 它侧重于村庄或社区一级的自然资源管理,并通过以下工作内容来实现管理目标:①技术型项目,如与土壤保持有关的项目;②与人们生产活动以及生活服务方面相关的各类社会经济因素;③依据法律制度进行管理,在实践中对土地所有者的各项权益予以保护(Liniger,2011)	西非地区乡村规划(Liniger,2011)

续表

规划名称	定义和目标	实践案例
乡村地区土地使用规划	一般是基于行政单元的规划编制进程，旨在组织、规划和管理区域层面的土地开发与经营，这取决于土地的生态特征、资源条件、行政区域层面的社会经济背景和文化背景。 这个过程应该是参与式的，并且基于明确的目标，促进公平高效的土地利用方式，降低开发风险，兼顾短期、中期和长期的资源配置需求，实现效益最大化，并协调解决不同地区或行政单元之间的土地使用成本与收益（Paruelo 等，2014）	阿根廷及拉丁美洲的几个官方语言为西班牙语的国家乡村规划（Paruelo 等，2014）
区域性土地使用规划	旨在确定区域发展的优先事项，确定物质和非物质遗产保护条件，建立住宅供应计划、工业空间布局和基础设施系统等事宜。土地利用方案被视为其主要组成部分（Kavaliauskas，2008）	立陶宛、欧盟、加拿大区域规划（Francis and Hamm，2011）
生态型土地使用规划	一般被视作环境政策工具，用于管理土地用途和生产活动，保护环境、促进自然资源的保护和可持续利用，评估土地利用潜力和土地退化趋势。 实践认为其在短期、中期和长期协调人类活动与环境可持续性方面具有极高的适用性（Mexicanos，2012）	墨西哥（Wong-González 2009）、阿根廷、立陶宛、智利将生态系统服务理论应用到土地使用规划中（Laterra，2014）。 在阿根廷南部的潘帕斯地区，乡村地区的土地使用规划加入了生态系统服务价值评价的相关内容（Barral and Oscar，2012）

2.3

土地使用规划的方法：基本要求

土地使用规划方法需要灵活性和适应性，以便能够适应不同的情境。换句话说，"蓝图式"的规划方法已经被证明不具备实践性，因为固定的步骤、程序和技术方法过于理想也过于局限。相反，土地使用规划必须按照当地的发展诉求、行政能力、政治制度、法律框架来确定工作流程和技术路线，第3章中将介绍规划流程设计的基本原则（GIZ，2012）。

土地使用规划的流程可分为两个主要阶段，即组织编制和实施阶段，每个阶段都包含一系列活动。制定土地使用规划需要对当前土地利用现状、主要限制因素和发展机会进行广泛评估。该评估需要收集和分析大量信息，包括物质环境数据、生态系统基本情况、基础设施数据、人口数据、社会经济数据、土地所有权和使用权以及当地的法规和政策体系。在规划过程中，通常会应用诸如联合国粮食和农业组织的生态和经济区划（Ecological and Economic Zoning，简称 EEZ）及土地适宜性分析等方法。在规划过程中，还可以对生态系统服务水平进行估值，以便下一步纳入土地利用计划中（Paula and Oscar，2012）。规划方案编制完成后，需要通过公众参与的过程进行公众舆论和社会影响的专题研究（Glave，2012）（见图 2-2）。

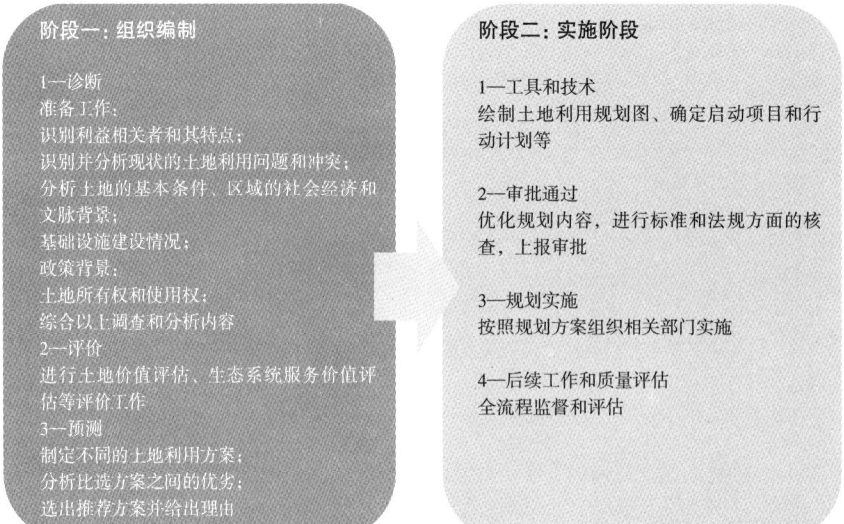

阶段一：组织编制

1—诊断
准备工作：
识别利益相关者和其特点；
识别并分析现状的土地利用问题和冲突；
分析土地的基本条件、区域的社会经济和文脉背景；
基础设施建设情况；
政策背景；
土地所有权和使用权；
综合以上调查和分析内容
2—评价
进行土地价值评估、生态系统服务价值评估等评价工作
3—预测
制定不同的土地利用方案；
分析比选方案之间的优劣；
选出推荐方案并给出理由

阶段二：实施阶段

1—工具和技术
绘制土地利用规划图、确定启动项目和行动计划等

2—审批通过
优化规划内容，进行标准和法规方面的核查，上报审批

3—规划实施
按照规划方案组织相关部门实施

4—后续工作和质量评估
全流程监督和评估

图 2-2　土地使用规划工作流程

　　通过以上过程，可以制订不同的土地利用方案，同时考虑到可持续发展的标准，从中选择最佳方案。这一过程非常具有挑战性，因为最合适的方案可能并不总是经济效益最优的方案。如 Metternicht 和 Suhaedi（2003）的分析所示，他们提供了一系列可供选择的土地利用方案，每个方案都能够在不同程度上实现印度尼西亚农村地区的环境和经济目标。在某些情况下，如果社会生产活动的某一个方面被土地使用规划影响，那么可能会牵一发而动全身，对整个社会的运行产生连带作用（如埃塞俄比亚牧区牧场管理，见专栏 2）。通过综合的经济—环境系统模拟，可以同时预测出多种土地利用方案下各目标的实现程度，从而能够确定最合理有效的土地利用方案。最近在澳大利亚开展了这项工作，预测未来对土地利用活动的温室气体减排需求，并在农业活动、水资源保护和生物多样性维护三者之间作出必要的权衡和取舍（Bryan 等，2015）。

　　在明确了土地使用规划和空间规划的方法之后，必须制订具体的实施计划和保障措施，以实现预期的结果（如支付土地开发所耗费的生态系统服务成本）。这些工作需要在一个明确的框架下进行，包括决策机制的设计、规划实施的路径以及全流程的监管和纠错机制（Paruelo 等，2014；Glave，2012）。

第3章 土地使用规划在可持续自然资源管理中的实践原则

3.1

引　言

优化自然资源可持续管理的各方面（即最大化经济和社会效益，维持或加强自然资源的生态支撑功能），需要土地使用规划做到以下几点。

（1）具有目的性，明确需要实现的目标和解决的问题（即土地使用规划是一个需求导向的过程）（FAO and UNEP，1999）。

（2）辨别不同的利益主体以及他们的目标（如对自然资源和土地用途的竞争）（Bourgoin 等，2012）。

（3）具有整体性和参与性，促进多部门协调和多利益主体的参与（Bourgoin 等，2012），在协商的过程中保障不同主体利益诉求的公平表达以及他们参与的有效性（FAO and UNEP，1999；Vallejos 等，2015）。

（4）考虑社会政治和法律背景，如土地产权制度（Bourgoin 等，2012；Bourgoin and Castella，2011；Paruelo 等，2014）。

（5）在不同层级的决策中保障规划和政策的一致性，将地方、区域和国家层面的机构有效连接起来（FAO and UNEP，1999）。

（6）制定一套适用于不同空间尺度的规划程序（如土地评价、参与式规划方法、分析利益相关者的目标、规划监测和评估）（FAO and UNEP，1999）。

（7）促进纵向一体化，提供在国家层面和地方层面都合法合规的成果（如土地利用和管理方案）。

（8）建立可高效访问的知识库。

（9）考虑土地功能的复合性（Crossman and Bryan，2009；Wallace，

2003），将"景观（landscape）"❶作为规划和管理的基本单元（Paruelo 等，2014）。

德国国际合作机构❷（GIZ）通过与发展中国家和经济转型国家之间的合作，认识到最佳的土地使用规划需要以可持续性为目标，平衡社会、经济和环境之间的需求，并遵循专栏 4 中强调的应用原则。

专栏 4　前沿的土地使用规划实践原则

理想情况下，土地使用规划应该：

● 纳入国家管理事权，由官方授权跨部门组织编制，包容不同利益主体的差异和性别敏感性❸；

● 自下而上和自上而下相结合（"纵向一体化"）；

● 以跨专业合作与跨部门合作为基础（"横向协调"）；

● 提高公众参与度和透明度；

● 考虑并重视地方知识（local knowledge），以及传统解决问题和矛盾的方法策略；

● 规划方法和规划内容（如特殊性、公众参与的形式、技术手段）需要与规划对象的空间尺度（村庄、城市、区域）相匹配；

● 与空间（spaces）和场所（places）相关联，即空间定位（spatial orientation）；

---

❶ 景观可以在乡村、城市或者城乡结合地区等，生态系统服务是在景观层面供应的，生态过程在景观中发生（Wiens and Moss，1999）。

❷ 德国国际合作机构（GIZ）是一个在全世界范围内致力于可持续发展的国际合作机构，它为全球的政策、经济、生态和社会发展提供前瞻性的解决方案。——译者注

❸ 旨在理解并考虑在公共和私人生活的最广泛领域中基于性别的歧视与排斥涉及的社会和文化因素。——译者注

- 对接经济发展规划；
- 遵循权力下放 ❶ 的原则；
- 形成具有法律约束力的土地使用规划；
- 具有前瞻性（目标性）；
- 以实施为导向，具有现实意义，能够适用于地方的实际情况，能够提升各相关主体利益。

（来源：GIZ，2012）

上述原则定义了最佳的土地使用规划实践和政策，并被用于辨别那些可以促进自然资源可持续利用和管理的土地使用规划案例，这些内容将在第 3.7 节和附录 B 中进一步讨论。

下面的章节将会讨论一些因素对土地使用规划的重要性。这些因素包括社会政治及法律背景、多利益主体参与、多部门协调、空间尺度、土地功能的复合、土地使用规划过程中采纳的基于景观的方法 ❷（landscape-based approaches）。

3.2
社会政治和法律背景

为增强土地利用政策并实现政策目标，一个能够将土地使用规划

---

❶ 权力下放政策，也译作权力自主原则，尤其指欧盟给予各成员国更多的政策自主权。——译者注

❷ 基于景观的方法指的是：通过优化生产、规划和地方决策过程来维持基本的自然资本，以确保有效地提供生态系统服务和改善人类福祉。——译者注

工具整合到国家规划中的法律框架是十分有必要的。专栏5阐述了在国家层面，社会政治和法律法规背景在土地使用规划方面的关键性作用。

专栏5　拉丁美洲案例：实施土地使用规划的社会政治和法律背景

哥伦比亚的政治环境有利于土地使用规划实施。在20世纪50年代早期，哥伦比亚已经立法要求区级政府实施城市规划；1991年，其在宪法中明确了土地使用规划的地位❶。到2007年，哥伦比亚国内96.9%的市政府都编制了土地风险管理计划，2008年建立了土地规划委员会监督该计划的编制过程。

同样，巴西通过生态经济区划（EEZ）和农业生态区划（Agricultural and Ecological Zoning，AEZ）来实施土地使用和空间规划，这一实践始于巴西亚马逊地区❷，EEZ和AEZ被当作一种用于支持经济发展、解决环境问题的规划工具。2002年，它被纳入国家环境政策❸中，此后EEZ和AEZ被视为一种区域规划工具，既用于土地使用规划，也用于国家、区域、地方

---

❶　宪法第288条：Ordenamiento Territorial；在2011年更名为Ley Orgánica Territorial。

❷　亚马逊地区，即Amazônia Legal，它是巴西最大的社会地理区域，包含亚马逊河流域的9个州，面积超过500万km²，人口约2400万。基于政府关于如何规划亚马逊地区经济和社会发展的科学研究，该地区划定于1948年。——译者注

❸　国家环境政策（National Environmental Policy）是指巴西在1981年通过第6938号法律确立的一项国家政策。该政策的主要目标是建立可持续发展的标准，包括10条基本原则：一是考虑到集体使用，政府采取行动维持生态平衡，将环境视为公共资产，必须得到保障和保护；二是合理使用土壤、水和空气；三是规划和监督环境资源的使用；四是保护生态系统，保护代表性区域；五是控制污染或潜在污染的活动；六是鼓励研究和合理使用保护环境资源的技术；七是监测环境质量状况；八是恢复退化地区；九是保护受到退化威胁的地区；十是在各级教育中加强环境教育，包括社区层面的教育活动，旨在激励人们积极参与环境保护。——译者注

层面的经济、社会、文化和生态策略的空间表达。生态经济区划以联邦政府全面的权力下放为基础，促进各州和市政府有效地参与到规划和实施过程中。这种方法让人们越来越深刻地认识到，决策过程中关键利益相关者的参与是十分必要的。

秘鲁的经验则说明了土地使用规划面临的政治挑战。在秘鲁境内，几乎所有地区都表现出开展土地使用规划的政治意愿，但到 2010 年，只有 35％ 的地区政府实际开展了相关工作。13.7% 的地区制定了土地使用规划，但整个工作过程非常混乱，且并未完成全部规划程序。最近，秘鲁政府决定重新对土地使用规划进行集中管理，以便与持反对意见的私营部门建立对话，因为大部分私营部门认为土地使用规划对私人投资的管控过于严格。这一发展趋势似乎并不乐观，因为权力下放的方式往往会带来更好的成效。

在智利，政府首先采取了集权模式的城市土地使用规划，然而这种模式并不能达到政府的预期。因此，2011 年，该国通过实施区域性土地使用规划开始向分权式转变，尽管这一转变仍得到中央政府的密切支持。这一年，智利 15 个地区中有 14 个完成了区域土地使用规划的现状评估阶段。智利的经验同样表明，分权模式（在得到中央政府充分支持的前提下）可以提供更好的规划结果。此外，智利的经验也证明一个国家在首次尝试土地使用规划失败后，如何能够朝着正确的方向改进。

墨西哥的经验则证明了法律背景的重要性。自 1995 年以来，墨西哥的各区域一直在实施土地使用规划，尽管进展不同。在国家和大区域（sub-national）层面，墨西哥基本完成了土地使用规划的编制阶段（31个州中有27个州完成了土地使用规划）。然而，由于法律不要求大区域政府实施他们的规划，因此土地使用规划在地方层面进展缓慢。Wong-González（2009）认为，两个具有强烈部门色彩（即环保部门和住房部门）的区域规划法规❶影响了更广泛的跨部门合作，并且导致这些规划难以形成一个综合且可持续的区域发展政策：一方面，社会发展部（Secretary of Social Development，简称SEDESOL）主管与《人居环境法》相关的州级土地使用规划和区域规划（State Programmes of Territorial Planning，简称PEOTs）；另一方面，国家生态环境与自然资源部（National Institute of Ecology and the Secretary of Environment and Natural Resources，简称INE-SEMARNAT）负责生态型土地使用规划和区域规划（Comprehensive Ecological Territorial Land use Planning，简称POETs）（详见附录B8）。

（来源：Glave，2012；Wong-González，2009；Hernández-Santana等，2013）

---

❶　环保部门的区域规划法规为《生态平衡和环境保护法》（General Law of Ecological Balance and Environmental Protection，简称LGEEPA），城市住房部门的区域规划法规为《人居环境法》（General Human Settlements Law，简称LGAH）。

3.3
多方利益主体的协调：整合与参与

　　土地使用规划编制和实施中需要重点考虑多样化的信息源和不同利益主体的诉求，尽管在实践中鲜有规划做到了这两点（Bourgoin 等，2012；Paruelo 等，2014）。专栏 6 通过分析柬埔寨、布基纳法索❶ 和老挝地区的土地使用规划案例（Bourgoin 等，2012；Castella 等，2014），了解了土地使用规划中的参与式元素在发展中国家实施和整合所面临的挑战。参与式土地使用规划能够帮助行政部门（即政府或国际救援组织）更好地了解当地情况，并促进社区对规划成果的认同。地方政府和社区对土地使用规划的认同能够促进规划实施和增强投资意愿（Tigistu Gebremeskel，2016）。

专栏 6　发展中国家参与式土地使用规划所面临的挑战

● 识字率：参与者的识字率较低是发展中国家社区层面的规划所面临的挑战。

● 地方精英的主导：公众参与过程巩固了精英阶层的地位和利益。

● 缺乏执行能力：参与式土地使用规划尚无明确的方法标准，影响了可持续原则的落实；实践中公众参与通常是在项目负责人

---

❶ 布基纳法索（法语：Burkina Faso）是西非内陆国家，全部国土都位于撒哈拉沙漠南缘。布基纳法索为全球识字率最低的国家之一，只有约 23% 的国民识字，属于联合国界定的低度开发国家之一。

对这些原则进行简单解释后进行的，后续执行中缺乏持续参与。

● 对地方经验和科学知识的整合：将翔实的科学数据与当地的专业知识相结合是具有挑战性的，因为当地的利益相关者并不清楚规划决策带来的后果，也很可能会被这些更深入了解问题的规划师和地方领导所操纵。

（来源：Reid 等，2006；Berkes，2009；Wagle，2000；Tigistu Gebremeskel，2016）

在发展中国家，参与式土地使用规划正在成为援助计划的工作核心之一（GIZ，2012；Okeke，2015）；在很多非洲国家，参与式土地使用规划已经逐渐取代了传统的土地使用规划方法（Okeke，2015）。丹麦、荷兰、英国、德国、美国和澳大利亚等发达国家的经验显示，规划过程中适度的公众参与可以形成促进精明增长的规划成果，Okeke 认为，公众参与对规划起到了补充作用，并且增强了规划的创新性（2015）。

3.4
多尺度关联与纵向融合

成功的土地使用规划既需要响应国家层面的要求，也需要得到地方政府的支持（Bourgoin 等，2012）。土地使用规划必须促成区域凝聚力，即增强个人之间和社区之间的联系，彰显区域生态、景观和文化价值（ESPON，2012）。丹麦在 2007 年颁布的《空间规划法》促进了土地使用规划的纵向一体化,建立了适用于不同层级的一套完整的规划程序(见专栏7)。

专栏7　丹麦的空间规划:多尺度多部门协调

《空间规划法》确保了丹麦的土地使用规划在土地利用方面综合了社会各方利益,有助于保护国家的自然生态环境,从而实现了人居环境的可持续发展,并促进了针对野生动物和植被的保护。

丹麦的环境保护部部长通过国家规划报告、国家利益综述、国家规划指令以及其他一些方式为区域空间发展规划和市级规划建立了综合框架。部长通过否决权确保市级规划能够体现国家的整体利益(即规划内容的纵向衔接);区域议会制定区域空间发展规划,明确该地区的发展愿景;这些战略规划把握了区域的总体空间发展,并且与区域经济增长论坛制定的产业发展战略相匹配(即多部门间进行规划内容协调);市级议会在市级规划中总结了发展目标和发展战略,建立了地方详细规划的框架,明确了《空间规划法》处理个案的依据,设置了管理其他部门的众多法规。

(来源: Galland and Enermark, 2012; Ministry of Land Infrastructure Transport and Tourism Japan, n.d., ESPON, 2012; Galland, 2012)

3.5

多部门协作

土地使用规划和管理能够协调部门利益冲突，减少土地用途之间的矛盾，从而更好地协调土地利用与环境保护之间的关系（ESPON，2012）。政府部门之间职责的分工对区域发展有重大影响（如专栏 5 中所提到的墨西哥案例），因为土地使用规划的开展需要在国家、区域和地方层面实现多部门合作。丹麦成功建立了结构合理的多部门合作框架（见专栏 7）。

通过深入理解区域发展的内在动力，将跨部门的发展政策（如土地利用、能源和水资源管理）统一纳入区域一级的单个规划中，可以提升区域的整体发展水平，如专栏 8 所示。

专栏 8　土地使用规划和多部门协调：一体化政策的基石

欧盟制定的土地利用政策虽然没有限定各国空间规划的责任，但却为欧盟的土地使用规划制定了指导性框架。欧洲土地利用政策的制度安排包括欧盟凝聚力目标（EU Objective for Territorial Cohesion）、水框架指令（Water Framework Directive）、共同农业政策（Common Agricultural Policy）、自然 2020 框架 ❶（Natura 2000），

---

❶ Natura 2000 是欧盟境内的自然保护区网络，覆盖了欧盟 18% 的陆地面积和 6% 的海域面积，是全球最大的合作型保护区域（网络），为欧盟境内最珍贵、最受威胁的物种提供了栖息地。——译者注

以及日益重要的能源 2020 框架 ❶（Energy 2020）。

　　区域凝聚力促进了部门政策的协调，是可持续性在空间上的一种表达。此外，可以通过综合的土地使用规划和区域规划以及有针对性的政策工具，来协调土地用途之间的冲突。

　　根据欧盟的领土议程（详见第 3.8 节），将跨部门的政策纳入区域一级的单个规划中可以帮助各地区实现可持续的领土管理。多部门协调首先需要认可不同部门决策者职责的差异性，强调部门合作在专项政策的制定和实施以及减少不良外部性方面的作用。旨在解决欧洲沿海地区发展问题的海岸带综合管理规划（Integrated Coastal Zone Management）正是一种多部门合作的土地使用规划，它解决了在欧洲沿海地区规划海上风力发电厂以及其他海洋设施时可能出现的矛盾,这些矛盾可能会带来安全问题,影响海洋渔业、货物运输、旅游业的发展，侵害海洋生物多样性。

（资料来源：ESPON，2012）

　　机构间合作有利于加强土地使用规划的协同作用。墨西哥、哥伦比亚和新加坡（见附录 B 中的案例研究）建立了负责土地使用规划的专门机构，能够在政府机构和民间组织之间发挥强大的协调能力。巴西则创建了一个环境委员会,该委员会在总统规划秘书处的协调下开展工作，以便与其他公共机构合作，通过生态和经济区划法（EEZ）来实施区域性土地使用规划（Glave，2012）。

---

❶ Energy 2020 是欧盟的能源计划，其目标是到 2020 年，温室气体排放量减少至少 20%，可再生能源的使用比例提高至少 20%，能耗减少至少 20%。所有欧盟成员国的运输部门可再生能源使用比例必须提高 10%。——译者注

3.6
土地的复合功能

土地使用规划不仅要从土地覆被的角度来审视，也要从土地利用的角度来看待，这便于我们去思考规划与其他问题之间的横向联系。大多数景观类型具有多种使用功能，可以形成多种土地利用组合。为了分析比较不同土地规划和管理方案在维护景观多功能性方面的优劣，需要考虑与生态系统功能和结构相关的各因素（de Groot，2006）（见图 3-1）。

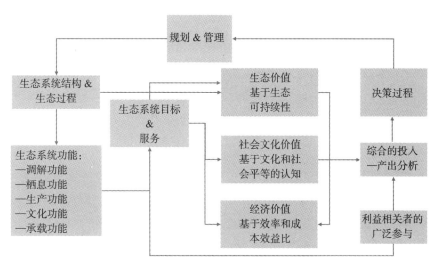

图 3-1　功能分析和评价在环境规划、管理和政策制定中的作用

（来源：de Groot，2006）

对于土地使用规划而言，考虑土地功能的复合性可以在某种程度上解决土地使用冲突。Lescuyer 和 Nasi（2016）描述了喀麦隆、加蓬和刚果的 6 个木材特许经营区实施的多用途森林管理方法，这有助于解决或减少各种用途之间的实际冲突，特别是农业、狩猎、伐木之间的矛盾。同样，重视土地功能的复合性可以加强土地使用规划对生物多样性的保护（Truly 等，2015），并促进生态系统恢复。在土地使用规划过程中，需要加强土地治理，考虑生态系统服务的价值，以便景观复合利用的概念得到强化（Laterra，2014）。

3.7

最佳的规划政策与实践：案例研究

表 3-1 介绍了国家、区域和地方(州)各级土地利用政策的不同做法，确定了典型土地利用实践的具体标准（如本章所述）。 这些案例研究的选择基于以下关键性原则：地理位置（如每个大洲至少一个案例研究）、区域类型（如农村、城市、城市边缘区）和行政层级或空间尺度（地方层面、州/省层面）等。本书为系统性地分析所选案例设计了一个模板（见附录 B），并采用跨案例分析的方法寻找其内部的联系，这有助于研究规划方法的局限性，明确最佳实践和经验教训。不同空间尺度的土地使用规划（国家、区域、地方）以及不同类型的规划（如空间规划和生态型空间规划）都被纳入本书的案例研究。

表 3-2 作为一个小结，列出了典型案例的选择标准、政策核心以及当地的土地产权制度。附录 B 说明了案例背景、实施路径、政策效果和经验教训。案例中 40% 是土地使用规划，40% 是空间规划，还有20% 是生态或环境规划；60% 的案例中都是基于分权式的土地使用规划方法。这 9 个案例研究为后面的讨论和总结打下了基础。

土地使用政策案例及其实践的标准评判　　　　　　　　　　　　　　　　表 3-1

土地使用规划政策	国家/地区	层级	规划范围	纵向一体化	多部门协调	公众参与	与经济发展规划的联系	目标清晰	前瞻性	可持续目标	综合性	空间性	法定性	权力下放	空间尺度相关	集权/分权	方法
《规划和发展法》（2005年）	澳大利亚	州	T	***	***	**	***	**	*	**	**	*	*	***	***	—	土地使用规划
《土地保护和开发法》（1973年）	美国	州	U,R,P	**	***	***	*	**	**	**	***	*	***	**	**	分权	土地使用规划
《欧洲空间发展远景》《凝聚力政策2014—2010年》《2020年欧盟领土议程》	欧盟	区域	T	*	***	**	*	**	***	***	**	***	*	*	**	分权	空间性土地使用规划
《规划法案》（2007年）	丹麦	国家	U,R,P	***	***	***	*	**	**	***	**	***	***	***	**	分权	空间性土地使用规划
《空间规划和土地利用管理法》（2013年）	南非	国家	U,R,P	**	***	***	*	**	**	***	***	***	*	**	**	分权	空间性土地使用规划
《国家环境政策法》（2002年）	阿根廷	国家	U,R,P	**	***	**	*	**	**	***	***	*	**	***	**	集权	环境性土地使用规划
《概念规划》（2011年版）	新加坡	国家	U,P	**	***	**	***	**	***	**	***	*	**	*	**	集权	土地使用规划
《空间规划法》（2007年）	印度尼西亚	国家	U,R,P	**	****	***	**	**	**	**	***	***	**	**	**	分权	空间性土地使用规划
《生态平衡与环境保护法》《人居环境法》（1987年）	墨西哥	国家	T	***	**	***	**	**		***	***	*	**	***	**	分权	生态性土地使用规划

注：***代表"高水平实现"，**代表"中等水平实现"，*代表"低水平实现"。

实施尺度：国家层面，州（省）级层面，区域层面。

规划范围：T—区域规划，U—城市规划，R—乡村规划，P—城乡结合区规划。

案例研究汇总　　　　　　　　　　　　表 3-2

地点：西澳大利亚州	政策：《规划与发展法》（2005 年）
规模：州级层面	适用范围：全域土地使用规划（城市与乡村）
关注重点	建立一个高效有力的土地管理系统，以促进西澳大利亚州土地的可持续利用和发展
评价	制度建立在体制设计的基础上，由强有力的立法基础来保障；法定的区域规划和地方规划实施监管应相互配合；规划中应考虑为大都市的改善发展提供资金筹集渠道；规划部门应合理进行资源分配并提供资源使用的意见；多部门协调应在规划框架下展开
确定的最佳实践标准	**上下联动和多部门协调相结合；有效衔接地方、区域和国家层面的各主管机构**；建立一套适用于不同空间尺度的规划程序；在规划中设定明确的目标；土地使用规划应具有法律约束力；**应对接经济发展规划**；以可持续发展为目标，实现经济社会和环境发展的平衡；注重利益相关者的参与；现实可行、因地制宜；土地使用规划与自然保护相关法律相衔接；具有前瞻性
土地产权制度	国有和私人
案例研究	附录 B1
地点：美国俄勒冈州	政策：《土地保护和发展法》（1973 年）
规模：州级层面	适用范围：全域土地使用规划（城市、郊区、乡村）
关注重点	要求州内所有县市制定符合 19 个规划目标的土地利用综合计划，这些目标反映了国家和地方政策中关于土地利用的相关议题
评价	州级土地保护和发展委员会负责监督该法案的实施，地方综合规划必须与州规划目标相一致（如在制定土地利用计划时必须考虑到自然资源保护的目标）。这些法规着重强调目标、计划和方案的一致性，该法案重视公民参与，并号召参与的范围与规划工作规模相适应
确定的最佳实践标准	**强调州级、区域级和地方层面的有效联系和多部门的横向协同**，建立一套适用于不同空间规模的规划程序，应用"轻"技术方法，**明确土地使用规划的法律约束力，平衡社会、经济发展和环境保护的需要，强调利益相关者（公民群体）的参与**

续表

土地产权制度	国有和私人
案例研究	附录 B2
地点：欧盟	**政策：《欧洲空间发展远景》(1999 年)、《欧盟凝聚政策（2014—2020 年)》(2014 年)、《2020 年欧盟领土议程》(2011 年)**
规模：跨国区域	**适用范围：土地使用和空间规划**
关注重点	将欧盟视为"一体化区域"所建立的一套土地利用和土地管理的规划政策，是全球范围内可持续的土地管理、国土综合发展的最佳实例
评价	欧盟土地利用格局和土地覆被的变化趋势受国家层面规划体系的影响。欧盟各国中常见的规划方式包含以下几种：集权模式与分权模式，区域经济发展规划模式（法国、葡萄牙、德国），综合性一体化规划模式（北欧国家和奥地利），土地管理导向的规划模式（英国、爱尔兰、比利时），以城市为主的规划模式（地中海国家）。空间规划不属于欧盟固有权利，但编制欧洲空间发展展望（ESDP）这样的举措有助于其空间规划框架的确定；在充分考虑区域凝聚发展的基础上，能够促进各种空间政策进行协调，并深化负责土地利用和发展规划的各方之间的合作
确定的最佳实践标准	地方、区域和国家各级高效衔接的机构；**多部门协调（横向一体化）**；遵从权力下放原则，针对不同尺度制定差异化规划流程；明确规划目标；确定土地使用规划的法律约束力；以可持续性为目标，平衡社会、经济和环境之间的需求矛盾；注重利益相关者参与；注重区域凝聚、准确的发展定位和发展目标
土地产权制度	国有和私有
案例研究	附录 B3
地点：丹麦	**政策：《规划法案》(2007 年)**
规模：国家层面	**适用范围：综合性空间规划（城市、乡村）**
关注重点	《规划法案》希望通过空间规划实现五方面目标：①凸显城市和乡村地区的差别；②使发展惠及丹麦全体人民；③空间规划应以尊重城市、城镇一般特征，尊重城市、城镇风貌，尊重自然、环境和景观为基础；④空间规划和基础设施投资应紧密联系；⑤空间规划应是综合性规划
评价	规划体系遵循权力下放、框架控制和公众参与的原则，环境部长负责通过国家规划维护国家利益，该法案规定了关于公众参与的最低限度规则
确定的最佳实践标准	**上下联动和多部门协调相结合**；权力下放；区域和地方政府机构沟通互联；**对不同空间维度适用不同规划程序**；明确规划目标；确定土地使用规划的法律约束力；与经济发展规划挂钩；旨在实现可持续发展、社会稳定，并兼顾经济发展和环境保护需求；利益相关者达成意见一致；发展定位准确

续表

土地产权制度	国有和私有
案例研究	附录 B4
地点：南非	**政策：《空间规划和土地使用管理法》（2013 年）**
规模：国家层面	**适用范围：综合性空间规划（城市、乡村，包括跨区域基础设施）**
关注重点	详细说明国家空间规划、土地利用管理系统和其他类型规划之间关系的框架。该法在实现其目标过程中遵循五项原则，即可持续性、公平、效率、一体化和有效治理
评价	该法促进了规划实施与土地开发利用过程中政府决策责任一致性的提升，规定了城市规划审理委员会的设立方式、具体职能和运作模式，使土地利用方案和发展措施得以实施，促进了多中心发展
确定的最佳实践标准	明确的目标构想，具有法律约束力的土地使用计划，纵向一体化，**面向未来，公众参与性，承认利益相关群体的存在及其意见的不同**，地方层级、次国家层级和国家层级间高效且相互联系的机构，**多部门协调（横向一体化）**，针对不同尺度制定差异化规划流程，土地使用规划与经济发展规划协调一致，**以实现可持续发展、社会平衡、满足经济和环境需求为目标**
土地产权制度	国有、私有和社区共有
案例研究	附录 B5
地点：阿根廷	**政策：《国家环境政策法》（2002 年）**
规模：国家层面	**适用范围：土地利用条例（城市和乡村）**
关注重点	环境型土地使用规划是环境政策和土地管理的工具之一。规划的实施必须考虑政治、环境、社会、技术、经济、法律和生态等各方面的因素，必须保障自然资源的充分利用、生产效率的最大化以及对不同生态系统的利用。同时，应尽量减少资源滥用、减缓资源退化，并鼓励公众参与到有关可持续发展的决策中
评价	阿根廷宪法规定了公民享有健康环境的权利（第 41 条）。《国家环境政策法》要求在全国实施土地使用规划，宪法、环境政策法以及与土地使用环境保护相关的省级法律，都提供了坚实的法律基础。阿根廷土地使用规划的实施采用集权式，作为跨联邦机构，环境委员会负责各省环境保护机构和联邦环境部门之间的协调工作
确定的最佳实践标准	上下联动；在地方、区域、国家层面建立的高效衔接机构；**多部门协调（横向协同）**；针对不同尺度制定差异化规划流程；明确规划目标；明确土地使用规划的法律约束力；**以可持续发展为目标，实现社会、经济、环境发展的平衡**；其他辅助性原则

续表

土地产权制度	国有和私有
案例研究	附录 B6
地点：墨西哥	**政策：《生态平衡与环境保护法》（1987 年）、《人居环境法》（1993 年）**
规模：国家层面	**适用范围：生态型土地使用规划（城市和农村）**
关注重点	墨西哥的土地使用规划是依据社会发展与环境保护政策制定的。《生态平衡与环境保护法》对环境规划、生态系统保护和自然资源的可持续利用等方面作出了明确规定。国家层面的规划实施是在《人居环境法》框架下实现的，包括国家、州和城市层面的发展计划与土地使用规划，如全国城镇发展计划和城市化连绵区的土地区划
评价	墨西哥土地使用规划的实施采用分权式，涉及两个主要协调机构：生态环境与自然资源部（SEMARNAT），主要负责实施《生态平衡与环境保护法》中指定的国家、区域和地方的土地使用规划；社会发展部（SEDESOL），负责实施城市区域的土地使用规划。利益相关方参与规划的权利受到法律保护，生态环境与自然资源部在制定全国总体生态区划时负责多部门的协调工作，各市和联邦特区政府则负责颁布该地的生态区划。可见，墨西哥的法律制度确保了城乡地区的环境保护与社会发展必须符合环境政策和土地规划，同时也需要财政和法律上的支持来协调落实前述目标
确定的最佳实践标准	**上下联动**；在地方、区域、国家层面建立的高效衔接机构；多部门协调（横向协同）；一套适用于不同空间尺度的规划程序；明确的目标；具有法律约束力的土地使用规划；**以可持续发展为目标，实现社会、经济、环境发展的平衡；利益相关方的公众参与机制（促进公众参与，强调承认女性和原住民社区的作用）**

续表

土地产权制度	国有、私有和社区共有
案例研究	附录 B7
地点：新加坡	**政策：《新加坡概念规划》（2011 年）**
规模：国家层面	**适用范围：全国土地使用规划（侧重城市发展和交通运输设施）**
关注重点	新加坡的概念规划提出了明确的发展战略，以确保为子孙后代提供高质量的生活环境。该规划提出应在国内储备部分土地至2030 年以后再做开发，为新加坡未来留有足够的发展空间。规划中提出的维持高质量生活环境的战略包括：①将生态融入生活环境中；②加强国内外交通联系；③通过增加有竞争力的就业机会以维持充满活力的经济；④确保未来有足够的发展空间和良好的生活环境
评价	新加坡稀缺的土地资源使得土地使用规划的重要性不言而喻。概念规划和总体规划为新加坡可持续发展提供了一个综合性、前瞻性和总体性的规划框架；规划在平衡诸如住房、工业、商业、公园和娱乐、运输和社区设施等相互竞争的土地利用需求方面发挥了至关重要的作用；概念规划的修订更新需要与各相关的政府部门商讨后才能确定，概念规划每 10 年修订一次，由国家发展部协调，由多机构、多部门合作推动规划实施。公众咨询是概念规划过程中的重要组成部分
确定的最佳实践标准	上下联动；在地方、区域、国家层面建立的高效衔接机构；**多部门协调（横向协同）**；一套适用于不同空间尺度的规划程序；明确的目标；具有法律约束力的土地使用规划；以可持续发展为目标，实现社会、经济、环境发展的平衡；利益相关方的公众参与机制；因地制宜；衔接土地使用规划和自然保护相关法律；土地使用规划的前瞻性
土地所有制	国有、私有
案例研究	附录 B8

注：加粗字体是案例中归纳出的最佳实践原则。

3.8

土地使用规划政策在可持续自然资源管理中的应用重点

本书通过案例研究和文献综述的方式，对典型的土地使用规划政策和实践进行分析。其结果表明，为实现土地可持续利用和自然资源可持续管理，土地利用政策必须：

● 编制可协调保护与发展的土地利用方案，防止生态系统服务的减少（Crossman 等，2007；Adams 等，2014）。

● 统筹协调在土地使用规划中具有话语权的各部门和行政主体。负责协调和实施土地使用规划的主管部门与其他相关政府部门之间需要就自然资源管理的权责达成一致。此外，案例研究（如墨西哥、阿根廷）表明，需要在实施政策中明确指导如何通过规划体系解决自然资源可持续管理的实际问题。

● 将自然资源可持续管理作为土地使用规划编制的前置因素。通过在国家、州（省）、区域、地区层面的战略和法定规划程序，在不同层级的土地使用规划中考虑自然资源可持续管理。案例研究表明，要实现自然资源可持续管理必须将其作为战略规划(如区域和地方战略规划）和法定规划（如区域和地方规划方案）的前置因素进行考虑，而不是仅仅是在土地细分❶和土地开发中实现。在已经高度城市化的地区实现自然资源可持续管理（如新加坡的绿色基础设施）的难度很大，因为土地由农业用途到城市用途的转变通常是不可逆转的。

---

❶ 土地细分（land subdivisions 或 subdivision regulations）是美国区划法规体系中重要的土地使用法规，其地位大体相当于在我国控制性详细规划与城市设计之间的法律程序。具体而言，它是一种将大地块划分为尺度较小的适于建设的地块的法律过程。其主要作用是为土地开发作好准备，同时防止土地被任意分割成不利于日后使用的形状。——译者注

- 确保自然资源资产的规划和管理在能够反映其自然规模❶的空间尺度进行。就自然资源资产的自然规模和重要性而言，区域规划是最合适的管理尺度，因为这些自然资源资产的分布横跨数个地方政府。区域规划为土地使用规划识别和保护这些自然资源资产提供了指导（详见西澳大利亚的案例研究）。在区域层面进行规划还可以考虑未来发展对区域自然资本的累积影响，以及在更广泛的利益相关方之间划分保护和管理的职责。

- 确保总体规划战略的制定和实施得到跨政府部门的保障与支持（纵向一体化和横向协调）。这对自然资源可持续管理在应对城市增长，促进符合土地适宜性和社会经济背景的开发，明确需要保护的重要自然资本（如重要耕地、水资源、生物栖息地）等方面至关重要。政府机构（如城乡规划、环境保护、农林畜牧）和地方政府（议会、市政府、区政府）之间应建立合作关系，以确定关键性的自然资本。通过这种方式有助于将自然资源可持续管理整合到综合性土地使用规划中。

- 为地方和区域土地使用规划战略提供技术支撑、实践指导。地方规划战略的质量和应对自然资源可持续管理的能力往往取决于国家机构对地方政府提供指导和协调的力度（如墨西哥的案例研究和专栏2中的埃塞俄比亚案例）。地方政府通过地方一级规划来实现自然资源可持续管理的成效往往受到资源稀缺和专业水平不足的限制（详见附录B中美国的保护地区管理、埃塞俄比亚的牧场可持续管理和印度尼西亚的案例）。帮助地方政府通过土地使用规划实现自然资源可持续管理的方法包括：建立国家和地方层面合作开展的治理能力培训，更有效地利用当地政府资源，国家机构提供财政支持和技术援助。通过案例研究发现，地方土地使用规划促进自然资源可持续管理的机制包括发展空间预留、

---

❶ 自然规模是指维持自然资源生态功能的自然资源整体，如一条河流的自然规模是水系或者流域。——译者注

土地区划、特殊控制区、区域管理通则、针对特定区域的特殊规则（如中国土地管理法对耕地的保护以及澳大利亚对重要农业用地的保护）。

● 将指导自然资源可持续管理作为综合性土地使用规划战略的一部分。许多案例国家和地区（如澳大利亚西澳大利亚州、新加坡、阿根廷和丹麦）建立了统筹国家、区域和次区域的规划、政策和战略的框架，为土地使用规划打下了基础（如西澳大利亚州的《规划和发展法》以及阿根廷的《国家环境政策法》）。这些框架包含了一系列对自然资源可持续管理问题的指导，包括土壤退化、土地利用冲突、水资源管理、生物多样性保护和海岸带管理。然而，对于不同自然资源的可持续管理问题，政策指导的有效性也不尽相同，因此需要在规划的不同阶段对自然资源可持续管理进行更多的应用和解释（案例研究表明，良好的指导方针也往往存在执行不力的情况）。一些国家层面的综合性土地使用规划的政策和战略在多部门合作和执行方面存在明显不足，这些问题包括与自然资源可持续管理有关的部门政策之间相互冲突、国家层面在规划的不同阶段对自然资源可持续管理实施的指导不足，以及原有的法定土地使用规划与新的发展需求不匹配所带来的问题。

● 确保政府以自然资源可持续管理为目标导向参与到土地使用规划的编制和实施中。西澳大利亚州施行集权式土地使用规划，然而由于环保法、规划法和非法定的区域自然资源管理之间的相互独立，导致自然资源可持续管理难以整合到土地使用规划当中。针对这种情况，政府需要有效协调规划机构与环境保护机构，以便更好地将自然资源管理纳入规划体系。因此，增强各机构部门的沟通与联系是至关重要的（Australia，2011）。

第 4 章　土地使用规划在可持续自然资源管理中的成效

4.1
引 言

　　本章讨论了土地使用规划在识别和促进可持续的土地使用与管理方面的重要作用（见表 4-1）。土地使用规划（包括空间规划）以多方参与的方式确定了未来的土地利用方案，因此在任何需要保护及恢复自然资源和生物多样性，或者需要识别和评估未开发的土地利用潜力的情况下，土地使用规划都具有一定的适用性（见第 4.4 节）（GIZ，2012）。

　　表 4-1 强调了土地使用规划非常注重对土地和水资源潜力进行系统性评估，以便能够作出统筹考虑社会、经济和环境发展影响的环境友好型决策。决策的内容包括在空间上界定具有高生态价值的特殊地区（如生物多样性热点区域、农业发展优势区域等）以及土地用途转化成本较低的区域（Bryan 等，2011，2015）。

　　土地用途分区是土地使用规划和空间规划的结果，它涉及对特定区域的土地利用功能进行安排，对土地开发、土地管理和土地用途转化进行不同的规定。特定的土地用途分区单元的政策有效性可能会受到更大尺度上的管理决策的影响，因此，土地使用规划的范围尺度值得特别重视（Paruelo 等，2014）。土地用途分区可以涵盖国家、区域或地方等各层级的行政单位（如区域级、省级、市级、社区层级），并可容纳多种土地用途（如矿业、农业、城市发展区和半城市化区）。

有利于促进土地可持续利用的土地使用规划类型　　　　　　　　表 4-1

规划方法/规划名称	规模和适用领域	目标/可持续土地用途方案	简介/评价	国家/地区
土地用途分区	区域层面、乡村地区	绘制重点农业生产地区（如标识出对本地和区域农业发展至关重要的耕作区）	这是一种能够有效保护农地和水资源的战略性土地利用政策，能够向地方政府说明区域经济和产业发展策略及其空间上的安排	澳大利亚新南威尔士州（Environmental，2012）
土地使用规划/土地用途区划	乡村地区、地方（政府）层面	划分生态系统保护片区	包括市域层面的总体规划，以及界定土地利用分区、用途编码，明确保护区和周边地区可允许的开发用途。在总体规划编制之前，区域战略规划、生态规划等常作为前置条件。如果地方政府和有关部门的治理能力、执法能力薄弱，无法实施规划，可能会对生态系统保护和土地资源开发造成负面影响	墨西哥、危地马拉、尼加拉瓜、洪都拉斯、哥斯达黎加、巴拿马（Wallace，2003）
土地使用规划	跨行政区的、基于生态系统单元的	保护热带雨林并促进可持续开发	见专栏 10	伯利兹、危地马拉和墨西哥
生态性土地使用规划	大区域层面、乡村地区	着重于抛荒农地的复垦、植树造林和牧场修复等	基于生态系统保护的土地规划方法	厄瓜多尔（Knoke 等，2016）
土地使用规划	州/省层面	保护生物多样性，强调土地的可持续利用与发展	见专栏 11	西澳大利亚
参与性的（乡村）土地使用规划	次区域/村庄层面	维持公共土地上的牧场生产系统，确保在土地规划过程中尊重牧民和狩猎者的流动性。解决不同土地使用类型中的冲突与竞争	参与性的（乡村）土地使用规划是坦桑尼亚乡村土地法案和土地利用规划法案的一部分。个别村庄持有的土地不足以维持牧场生产系统，故而立法规定，对于共享资源（土地、水资源等）的村庄，应当联合编制土地使用规划	坦桑尼亚 Kiteto 区（Jason Kami，2016）

续表

规划方法/规划名称	规模和适用领域	目标/可持续土地用途方案	简介/评价	国家/地区
参与性的土地使用规划	乡村、地方政府层面	协调保护和发展的双重目标；保护生物多样性，防止生态系统服务的衰退与丧失；明确公用土地的使用权；解决土地使用冲突；计划未来的土地利用方案，促进传统农业生产向现代农业的转变	自下而上的参与式公共过程：应考虑土地（农业、种植、畜牧系统、种植园、野生动植物）的多功能性，以及相关的多个机构（非政府组织、政府机构、从业者、地方当局、国际捐助者）的利益	老挝（Bourgoin 等，2012；Bourgoin 等，2013）
空间土地使用规划	国家次区域层面	分别划定用于城镇化与工业发展的区域、保护区域和生态保护及旅游区域	运用 GIS 进行土地承载力分析	伊朗 Minoo 岛（Kaffashi and Yavari，2011）
参与性土地使用规划	乡村地区、流域单元	在具备极高水电潜力的区域，水电的开发利用与农业生产之间存在巨大矛盾	多个利益相关者的共同协商，统筹考虑流域内土地发展的经济、社会和环境影响	哥斯达黎加比里斯河流域（Marchamalo and Romero，2007）

4.2
土地使用规划: 实现自然资源可持续管理的手段

各国政府逐渐认识到土地使用规划的关键性作用——它可以通过采用可持续自然资源管理的方法，解决荒漠化、土地退化和干旱问题，适应和减缓气候变化。更为重要的是，在最近召开的《联合国防治荒漠化公约》第 13 次缔约方大会上，联合国呼吁各参与国家制定和推广政策工具，通过在国家层面创造有利环境，以克服在大规模实施可持续自然资源管理的过程中，可能遇到的技术、体制、经济和社会文化方面的障碍；同时，号召各缔约国在国家和区域层面将可持续自然资源管理的理念纳入综合土地使用规划战略中（UNCCD，2017a）。

通过案例研究和表 4-1 的分析，我们发现土地使用规划和空间规划作为一种政策过程和政策工具，主要实施效果包括：一是保护自然资本（如重要的农地）不受城市发展的侵占，从而促进自然资源可持续管理的实现；二是确保土地利用方案能够切实反映土地适宜性和土地潜力；三是遏制植被破坏的趋势，避免土地退化和土壤污染；四是保护和强化生态系统服务能力，恢复生态廊道；五是对沿海开发引起的海平面上升和风暴潮增加提出应对措施（Australia 2008，2011，2013）。同时，土地使用规划还有助于保护淡水资源（包括质量和数量），优化对自然灾害多发区（如洪泛区）的管理，并保护自然生态系统中的物种栖息地免遭破坏。

在共有土地的使用权方面，土地使用规划能够协助解决由于多种用途竞争而引发的土地使用权与所有权之间的冲突，从而提升土地治理水平。坦桑尼亚的案例就说明了这一点（详见专栏 9），该国的多个村庄制定联合土地使用规划，签订资源共享协议以保护牲畜迁徙通道，减少了与土地使用相关的潜在冲突（Jason Kami，2016）。

专栏9 以牧场可持续管理为目标的村庄联合体土地使用规划

关键性议题：

人口增长和土地生产力的下降增加了土地使用压力，不同土地使用者之间发生了越来越多的冲突。这通常涉及许多相互联系的问题，如土地的使用权和所有权未能得到保障、土地市场发展不成熟、土壤和水资源退化、森林砍伐、人口和牲畜的大规模迁移。多种土地用途之间存在竞争关系，而这种竞争导致了冲突的产生，家畜数量的增加不断激化矛盾，而地方传统和地方治理制度在维持和谐方面无能为力。高发的冲突反过来又导致土地可持续利用水平的下降，对乡村发展产生了极大的负面影响。

传统的土地使用规划一般会限制牧民和狩猎采集者❶的流动性。然而，在当今的牧场中，由于单个村庄所拥有的土地通常不足以维持完整的牧场生产系统，因此资源（即水、土地和牧草）的共享和跨越村庄边界的家畜流动才是常态。

土地使用规划的贡献：

村庄土地法案和土地使用规划法案为坦桑尼亚村庄一级的土地使用规划建立了法律框架。村庄土地使用规划和管理规定规范了土地资源的使用，解决了公共土地上可能出现的土地使用冲突，更好地保障了土地的使用权和所有权，并根据利益相关方的优先事项和能力改进了土地管理措施。

结果、收益和影响：

● 参与性土地使用规划确保了土地所有权不受侵害，并且保障

---

❶ 原文为 hunter-gatherer，指的是靠野生动物、植物过活的部落成员。——译者注

了牧民、农牧民（以畜牧业和农业二者为生的农民）和农民的权益（此处指的是以耕种农作物为生的农民）。

● 广泛的社区参与使规划过程变得更加开放和透明。牧民和农民受益于互惠协议（将牧群的粪肥转运到农民田地上，农民的牲畜可在邻近牧区养育），经过细致协商的家畜迁移计划支撑了当地的农业发展，并有助于国家经济增长。

● 参与性土地使用规划通过强化地区和村庄层面的机构管理水平，提升了地方层面的决策能力。在规划过程中，通过建立和培训参与式的土地使用与管理小组，为今后更好地管理土地和解决土地使用问题奠定了基础。

反思与收获：

● 土地使用规划遵循去中心化的框架；地方层面的政府机构（如区域、市级和村庄级别）在整合和实施土地使用规划方面的作用得到了认可，但在纵向层面（国家—地区—城市—村庄）建立更加有效的结构性联系仍是亟待实现的任务。

● 地方政府的治理能力提升和充分的财政支持是解决土地使用冲突中不可或缺的两大要点。

● 村民委员会和村庄土地管理协会在土地管理方面的能力仍然处在较低水平，这会导致规划成果的实施情况不理想。

● 以下参与者之间需要更好的合作：负责土地使用规划的政府机构、援助机构（通常来自国际组织和其他发达国家）、本国和国际非政府组织以及金融机构。为实现强化土地的所有权和使用权这一目标，以上参与者之间的合作是必不可少的，而合作的形式之一就是前面所提到的村庄联合体土地使用规划过程。

为此，多方协调机制仍需进一步加强。

● 参与式的牧场资源分析图绘制等规划方法，能够使大量村庄成员参与到规划进程中，并促进村庄成员与规划专家和发展机构之间的相互学习。

4.3

土地使用规划：推进可持续土地利用和生态保护的手段

土地使用规划对生态系统服务功能既可能起到保护作用，也可能会产生破坏，这取决于土地使用规划的组织和实施情况。因此，规划师必须识别潜在的生态系统服务功能，并认识到它们的重要性，以便平衡其保护与开发利用的过程。此外，人们越来越深刻地认识到生态系统服务的内在价值与经济价值，这有助于做出有利于生态保护的决策（GIZ，2012）。

土地使用规划可以显著地影响生态修复过程，促进可持续土地利用（见专栏 10）并帮助维护生物多样性（见专栏 11）。生态修复通过恢复或强化生态系统能量流动，能够维持或增加生物多样性，尤其是提高生态功能退化地区的物种生存机会（Alexander 等，2016）。

专栏 10　通过土地使用规划促进热带森林的可持续土地利用和保护

Selva Maya 是中美洲一个热带森林地区，覆盖了伯利兹、危地马拉和墨西哥的广大地区。它面临着许多压力，如森林火灾、非法采伐、动植物采集以及农业开发，最重要的挑战是如何通过资源可持续利用来确保 Selva Maya 实现长远的安全与发展。

土地使用规划的贡献：

土地使用规划是 Selva Maya 地区促进环境保护和自然资源可持续利用计划中的一部分。危地马拉的社区和墨西哥的共有土地都实施的是参与式土地使用规划，这种方法有助于民间团体参与到规划编制当中，增强规划成果的接受程度，提高规划的实施性。在此背景下，Selva Maya 地区以土地使用规划为基础，制定了可持续利用和森林保护管理规划，以及有利于农业可持续发展、农产品推广和销售的农业生态项目。

此外，土地使用规划改善了该地区的环境治理，促进了各国政府部门与非政府部门之间的合作，提升了森林的防火能力，增加了地方的收入来源。

土地使用规划可以通过以下方式实现保护目标：识别具有重要生物多样性价值的自然区域，避免建设占用上述自然区域，控制土地利用对区域的影响。例如，西澳大利亚州的《规划和发展法》（见专栏 11）将生物多样性作为规划的重要考量因素，该法案规定，保护行动需要与规划方案相一致。具体而言，其规划框架包含以下规定：保护生物多样性、防止植被被破坏、保护栖息地的完整和安全，以及保护和加强生态走廊。

专栏 11　通过土地使用规划实现生物多样性保护，以西澳大利亚州为例

西澳大利亚州的《规划和发展法》要求州、区域和地方规划方案及政策中将生物多样性保护作为重要的考虑因素。规划战略、规划方案以及其他相关的决策应做到：一是考虑具有生物多样性和保护价值的区域的保护机制；二是尽量减少或避免土地开发或用途变更对区域生物多样性或保护价值带来的不利影响；三是帮助州政府建立综合的、完善的、具有代表性的保护区体系；四是保护和加强孤立的陆地与水生栖息地之间的联系，包括重建栖息地之间的走廊；五是通过规划管控和制定保护条例等方式促进生物多样性区域的生态修复；六是通过规划管理实现生物多样性丰富区域的长期保护。

局限性：

在区域和地方层级，土地使用规划在整合生物多样性和实现保护成果方面缺乏有效的技术手段。西澳大利亚州西南部的地方政府基于土地使用规划制定当地的生物多样性战略，以加强对自然区域的保护。但是，这些地方性政策和工作需要纳入州一级的规划政策与战略。此外，由于缺乏区域生物多样性的资产和功能信息，区域层面的战略规划也很少考虑这些因素，因此地方政府的规划在生物多样性保护方面难以发挥有效作用。

思考：

尽管土地使用规划在生物多样性保护方面具有强大的法律和政策基础，但在土地使用规划决策的影响下，重要自然区域仍在不断减少。在自然资源可持续利用和开发的背景下，地方政府、农林畜牧业部门、西澳大利亚州的规划委员会以及规划部长共同承担保护生物多样性的职责。目前的挑战仍然是如何制定生物多样性战略，以及如何将其整合到土地使用规划中（见表 A）。

新土地使用规划实施后某农场的主要绩效指标预测值　表 A

目标	指标	现状	新规划	期限
商业可行性	农业盈利	34000 美元	200000 美元	30 年
	企业利润	308 美元 /hm²	517 美元 /hm²	2 ~ 3 年
	储备情况	8.8 储备单位 /hm²；126 kg 肉 /hm²	14.7 储备单位 /hm²；367 kg 肉 /hm²	2 ~ 3 年
生态系统健康性	水中悬浮物污染情况	1819 kg/hm²/ 年	1177 kg/hm²/ 年	30 年
	水富营养情况	磷：0.48kg/hm²/ 年氮：4.93kg/hm²/ 年	磷：0.36kg/hm²/ 年氮：3.88kg/hm²/ 年	30 年
	水温	日间最高 23℃	日间最高 17℃	20 年
	水生物	水生物指数：102	水生物指数：118	15 年
	污染程度	—	减少 40%	15 年

（来源：Dodd 等，2008）

　　综合性土地使用规划已经证明，通过提供多种生态系统服务，能够定位到需要恢复自然资本的重点区域，有效增强区域内的景观功能复合性。澳大利亚在旱地农业区划定了 53000hm² 具有保护价值的区域进行生态修复，以实现一系列环境和经济目标。该项目表明，在修复自然资本和改善景观功能复合性时，依据土地使用规划的目标来分配资助项目比随机分配更有效，可以使水资源生态效益加倍，使物种和生态系统的生态效益提高 25%，使农业净利润提升 1/3（Crossman and Bryan，2009）。

土地利用政策可以通过土地利用区划来实现生态修复的目标，土地利用区划中既要划定保护区，也要设定管制规则，针对特定目标的土地利用区划可以仅涵盖特定具有较高保护优先级的区域（Lambin 等，2014）。例如，澳大利亚新南威尔士州划定了重要的农业用地，以限制采掘业的发展。在中国、印度、越南和不丹，土地利用区划被作为减少森林采伐、促进植树造林的政策工具（Meyfroidt and Lambin，2011）。

综合性土地使用规划可以满足国家保护区制度的管理需要（Sawathvong，2004）。中美洲地区通过编制土地使用规划、建立管控机制，在保护区内或附近实施生态修复项目，以减少原有土地功能被取代的威胁❶。但是其经验显示，保护区需要被纳入长远规划战略，以免因采矿、工业或农业的发展需求而被撤销或重新划定。

针对某地的规划政策和规划策略中必须包含当地各部门所制定的与生态修复和生物多样性保护相关的政策。将生物多样性保护纳入地方层级的土地使用规划对国家贯彻生物多样性保护十分重要（Regunay，2015）。建立协作型或跨区域的土地使用规划及决策过程有利于实施生态系统的跨境保护，有助于提高区域生物多样性资产和功能信息的可获取性（见专栏 11）。

4.4

土地使用规划：可持续基础设施建设的工具

土地使用和空间规划在城市及城郊地区绿色基础设施的规划和建设方面发挥着关键作用（ESPON，2012），而绿色基础设施可以为未来的

---

❶ 例如农业、采矿、伐木、基础设施建设、土地投机、居住区建设、旅游开发等。

交通模式确立空间格局基础，且有助于防止城市无序蔓延，防止生物栖息地和生物多样性的灭失（Cockburn 等，2016）。此外，在城市和区域尺度对土地使用规划与交通规划进行高度整合，可以有效提高国民经济的增长和发展速度（见附录 B5 的丹麦案例）。

绿色基础设施建设可以将保护生物多样性和生态系统服务纳入城市规划与城市治理当中。这些基础设施可以形成自然和半自然交融的网络空间，如城中和城郊的绿地，它们能够增强生态系统的健康和韧性，促进生物多样性，提高人类的福祉。欧盟和新加坡的城市已经开始通过政策和规划工具，尤其是空间规划，实施绿色基础设施项目（如城市中的公园和其他绿色空间、屋顶和墙面绿化、都市农业和都市森林）。绿色基础设施既可以在城市地区保护生物多样性，也可以修复退化的城市生态系统（如废弃的工业用地）。有证据表明，绿色基础设施具有多种间接效益，如最大限度地减少自然灾害风险，减小地表径流从而降低发生洪水的概率，连接生物栖息地，缓解城市的热岛效应等（ESPON，2012）。

4.5
土地使用规划：促进经济发展的工具

土地使用规划会影响区域经济的发展。政府对土地利用的干预可以通过以下方式促进区域经济繁荣：一是消除负面外部因素，保护公共产品和改善居住环境；二是鼓励紧凑发展，以提高公共服务的供给效率，形成规模效应；三是改善交通情况；四是减少土地开发过程中的不确定性和交易成本（Jae Hong Kim，2011）。

　　土地使用规划和管制对经济的影响与当地社会经济背景息息相关
（Jae Hong Kim，2011）。例如，澳大利亚北部地区 ❶ 的发展规划在基于
土地资源信息系统分析的基础上，为该地区寻找到了一系列新的产业发
展机遇。其土地适宜性分析表明，在土壤质量优渥、水源丰富的地区可
以通过建设农业发展所需的基础设施（即灌溉和道路）来提升农业生产
效率。发展规划认为，土地利用和开发应与土地承载力相吻合，以避免
造成土壤质量的退化（见图 4-1）。鉴于澳大利亚北部地区的土壤条件较
为脆弱、恢复力较差，因此需要特别注意土壤侵蚀、土壤酸化、土壤有
机物减少以及盐碱化等问题。

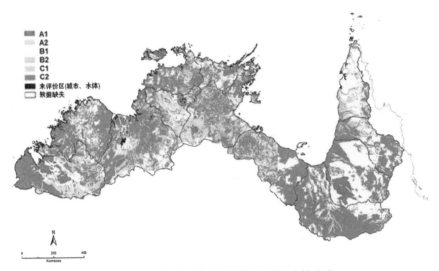

图 4-1　澳大利亚北部灌溉作物的适宜性分布

（来源 Wilson，2009）

　　如图 4-1 所示，虽然澳大利亚北部地区大部分土地适宜性较低（C1
级和 C2 级），但规划中仍然确定了一些具有耕作潜力的地区，即便这些

---

❶　面积约 120 万 km²，占据澳大利亚近 1/4 的国土面积，地处偏远且气候多变和异常。

区域也面临着相当大的管理问题（例如，大多数土壤营养成分低，可能需要大量的肥料投入）。如果要大力发展农业，一个有利于可持续土地利用和管理的替代方案就是，在更广泛的相对不发达的地区内规划和建设集中管理的农业区，以实现更广泛的生态系统效益（Wilson，2009）。

　　与上述案例一样，与区域发展和管理有关的土地使用规划通常需要在那些影响经济、社会和环境的部门政策（工业、运输、能源、采矿、林业、农业、娱乐）与环境保护之间进行一些权衡。对这些政策的协调能够促使更加有效的资源配置，提升自然资源可持续管理，发挥土地功能的复合性（Bryan 等，2015）。越来越多的模型基于不同的情境模式来预测土地使用规划对未来土地利用和生态服务系统的变化影响。土地利用权衡模型通过预测多种土地用途之间的竞争，可以应用于资源的有效配置（见专栏 12）。

专栏 12　有效配置资源和明确空间发展目标：规划未来土地利用备选方案

　　澳大利亚近来对农业生产、水资源和生物多样性保护方面的土地利用效率进行了综合评估。该评估考虑了 2013 ~ 2050 年的的四次全球展望，旨在衡量澳大利亚作为一个农业大国，其碳排放税和碳排放交易市场的运作效率❶。该研究基于全球气候变化

---

❶　2011 年 7 月 10 日，时任澳大利亚总理吉拉德正式对外公布碳税法案，法案计划于 2012 年 7 月 1 日起向澳大利亚全国 500 家企业征收碳排放税，每吨征收 23 澳元，此后每年提价 2.5%。澳大利亚是温室气体排放大国，被征收碳排放税的企业占澳大利亚碳排放总量的 60% 以上。2013 年 6 月 26 日，陆克文上台后废除每吨 24.15 澳元的固定碳排放税，而采用每吨介于 6 ~ 10 澳元的浮动碳排放税。然而，在 2014 年阿博特接替陆克文成为总理后，他通过参议院投票废除了碳排放税制度。——译者注

和国内政策的背景，借助土地利用权衡模型（Land Use Trade-off Model，简称 LUTO），即土地系统的综合环境经济模型来预测现在的土地利用和生态系统服务，结论认为，如果将土地用途从农作物生产转向碳作物 ❶、景观作物和生物燃料作物生产的话，将具备更大的发展潜力。不同利用方式的选择取决于其对经济收益和生态系统服务可持续性的影响，如粮食生产、节能减排、水资源利用、生物多样性服务以及能源生产。

土地利用对策的类型、强度、时序、地点及其影响均依赖于情景目标的假设，如全球展望和节能减排，国内的土地利用政策规定，基于土地利用情况变化的适应性举措，提升生产力的要求和环境容量限制等。情景模拟显示，通过强有力的全球减排激励措施以及以生物多样性为重点的土地利用政策可以大幅增加并创造多元化土地的经济收益，并带来更广泛的生态系统服务，如碳减排、生物多样性保护、能源供应和农业生产维护。此外，土地利用权衡模型也证明，需要加强针对水资源利用行为的治理。

这项研究对于土地利用政策和可持续政策的制定、全球和国家尺度的空间治理都具有广泛的启迪。

（来源：Bryan 等，2016）

建立土地使用规划和经济发展政策之间的紧密联系，强化区域潜在的发展优势，弥补发展劣势（见专栏13），而不是简单地减少政府对土地开发的管制，或试图建立一刀切的土地利用政策（Jae Hong Kim，2011）。

---

❶ 利用人工林来抵消碳排放。——译者注

专栏 13　通过规划引导土地利用变化来改善经济和环境绩效

　　规划不仅可以预测土地利用变化，也可以持续引导土地用途的变化。根据预先设定的经济和环境目标，新西兰在流域地区采取了参与式土地使用规划。多利益主体参与的流域管理小组认为可持续农业系统需要满足以下标准：一是工业仓储企业的规模应与土地承载力相匹配；二是监督并管控河流对土壤的侵蚀；三是加强河道的疏浚，防止河水富营养化；四是尽量减少人畜活动对河流景观和水质的影响；五是控制病虫灾害；六是提升景观价值；七是提高资本的投资回报率；八是确保管理的弹性。在明确了上述标准后，该地的农业生产增加值提升了6倍，河流的沉积物、水体富营养化和水污染明显减少，土壤侵蚀也下降了40%，这些治理成果与该流域的土地使用规划密切相关。

4.6

土地使用规划：增强土地管制的工具

　　高水平的治理能够保障不同部门和不同层级的政策之间进行有效协调。概括来说，这涉及多层次的治理工作，包括多部门管理政策的横向协调、不同层级政府部门之间的纵向协调，以及政府与公众参与之间的协调（ESPON，2012）。这些都是与土地使用规划最佳实践相关的关键因素。土地使用规划（包括空间规划）采取下列不同方式改善土地治理。

1. 保障土地产权，承认并明确共有土地的产权（见专栏 9 和专栏 14）

在坦桑尼亚，乡村层面和跨村实施的参与式土地使用规划保障了牧民和农民的土地产权安全与获取各类资源的权利。广泛的社区参与使规划进程变得更加开放和透明，通过健全能力建设制度进一步强化了地方一级的决策。

专栏 14　通过规划土地利用的变化来改善经济和环境绩效

老挝自 20 世纪 90 年代初以来一直在实施土地使用规划和土地分配计划。土地使用规划和土地分配计划被视为保障土地产权安全的工具，同时鼓励农业集约发展，私人投资和农产品商业化。改进的土地使用规划和土地分配有助于耕地的轮作和国家森林、土壤、生物多样性及水资源的保护。

国家政府承认民间沿袭已久的自然资源利用方式与使用权❶，并赋予地方机构重要责任，如土地分配和登记、税收、土地使用监测、纷争调解等。此外，政府认为乡村参与式土地使用规划应该以村庄为单元进行编制。

乡村参与式土地使用规划带来的益处：

● 在重点保护区周边的土地使用规划和野生动物走廊规划发挥了公众参与的作用。

● 协助社区明确了传统的制度安排，解决村庄边界之间的冲突。

● 搭建了地方社区之间协商的平台。

---

❶ 这里使用权指的是那些经过长期广泛的社会实践所形成的、并得到社区成员公认与普遍遵守的习惯性规则，以及被一致认可的社会自发性权利。——译者注

● 解决共有土地使用的冲突问题。

反思／经验教训：

● 需要在国家和地方层面考虑参与式土地使用规划成果的合法性。需要建立新的政策协调制度，保障政策既符合国家利益，也能得到地方支持（纵向一体化）。

● 公众参与的根本性困难为：当地社区缺乏必要的专业培训，以帮助他们更好地了解所面对的土地问题；规划师缺少促进公众参与的手段和方法，他们很少评估公众参与质量；实现性别平等目标的复杂性和难度。确保地方诉求、地方经验和当地机构参与到规划中，有助于实现更加协调、更加环保的发展路径。

● 以村庄集群为单元编制土地使用规划能够缓和村庄之间的矛盾，促进不同村庄之间的协同管理。

● 在规划师和公众之间建立信任，对于制定切合实际的土地使用规划至关重要，因为公众会更愿意参与到规划的编制当中。通过与规划师沟通土地使用规划的方案和发展情境，公众能够在规划的空间和景观管理方面与规划师达成一致，并高度认可规划成果。

● 切合实际是规划实施的必要条件。

（来源：Bourgoin 等，2012、2013）

2. 多方利益主体的参与可以将社会当前和未来的需求纳入到土地利用决策当中（GIZ，2012）

参与过程将形成一个谈判平台，能够帮助当地社区更好地参与到土地使用规划编制当中，正如坦桑尼亚、老挝（见专栏14）、埃塞俄比亚和墨西哥发生的那样。作为土地使用规划流程的一部分，利益相关者的参与、创建和培训公民委员会、法律诉讼和跨辖区协议等手段都有助于改善土地治理能力（Wallace，2003）。

3. 公开透明的土地使用规划有助于改善区域不平衡发展的现状和提升监管水平

例如，南非的《空间规划和土地利用管理法》（见附录 B5）阐明了该国的空间规划和土地使用管理体系，建立了有效的规划管理制度以纠正过去的发展失衡，促进社会和经济包容性发展。

4. 土地使用规划是协调土地利益冲突，预防和解决土地利用矛盾的重要手段

例如，墨西哥国家生态型土地使用规划（见附录 B7）的目标之一是在社会发展部的协调之下，通过合理和协调的土地使用规划，最大限度地减少不同部门和行业土地利用造成的环境冲突（Hernández-Santana 等，2013）。同样，乡村的参与式土地使用规划是老挝公共土地可持续管理的政策工具（见专栏 14）。在坦桑尼亚，村联合体土地利用计划以及自然资源管理部门计划为自然资源共享提供了工作框架。这种类型的土地使用规划通过合法使用共享资源来加强土地治理，同时减少潜在的土地利用冲突（见专栏 9）。

土地使用规划中考虑土地功能的复合性有助于解决公共林地中的土地利用冲突，如玻利维亚北部通过编制复合功能的林业规划政策来解决林地的土地利用冲突。在该地区，因为森林伐木和经济作物种植（如巴西坚果）在空间上高度重合，土地利用冲突频发，因此急需依据规划来进行管理（Crossman and Bryan，2009）。

缺乏扎实的研究基础和综合利益考量的土地使用规划与政策会削弱土地治理能力。例如，肯尼亚的自然保护区内建立了定居点和农业区，导致野生动植物不得不迁往更小、更干燥的地区（Kameri-Mbote，2006），与土地使用规划相关的一些部门法律加剧了这种情况（详见专栏 15），共同削弱了土地治理。土地使用规划的任务之一是协调规划的实施与自然资源所有者行使权力之间的关系，以均衡所有利益相关者的利益并确保自然资源可持续管理。这种均衡需要通过不同政府部门和不同行业之间的协作得以实现（Kameri-Mbote，2006）。

专栏 15　肯尼亚的土地利用、土地产权和野生动植物可持续管理

肯尼亚于 1996 年通过了《物质空间规划法》（Physical Planning Act），规定了物质空间发展规划的编制和实施方法。依据该法，"发展"被定义为任何改变土地的利用形式或密度的活动。根据物质空间规划联络委员会的要求，肯尼亚编制了物质空间发展规划，作为该国土地开发的依据。物质空间发展规划包含区域和地方两个层级。区域和地方物质空间规划的目的之一是确保在土地利用方面有法可依。这些土地开发的规定和条件包括与自然资源可持续管理相关的要求。但是，该法案并没有解决可持续生物多样性保护和管理问题，这也是肯尼亚多年来一直关注的问题。此外，由于肯尼亚依据现有的行政单元作为管理单元（这是基于政治而非生态考虑），因此法律没有根据自然资源可持续管理要求重新划分管理分区，也没有根据土地利用之间的兼容性制定区域规划。

（来源：Kameri-Mbote，2006）

---

5. 土地使用规划可以协助公众明确土地使用权和所有权，并为土地确权登记打下基础（GIZ，2012）

在老挝、埃塞俄比亚和坦桑尼亚的农村，参与式土地使用规划发挥了上述作用。最后，由于编制了牧区管理规划并开展了土地登记，牧民使用共有放牧区的传统权利得以被法律承认和保障（见专栏 9）。

第 5 章　实现全球性发展目标的土地使用规划

5.1
土地使用规划和《2030 年可持续发展议程》

2015 年 9 月，联合国大会通过了《2030 年可持续发展议程》，该议程是旨在通过全球共同努力来终结贫困、创造和平、保障人权和保卫地球的行动计划（UNGA，2015）。17 个可持续发展目标（Sustainable Development Goals，SDGs）与 169 个相关目标整合了与可持续发展相关的经济、社会和环境等各方面。这些目标致力于解决在人类与环境相互作用中产生的一系列问题，如环境退化、气候变化、自然资源的可持续管理、淡水资源匮乏、生物多样性丧失。这些目标的实现需要综合各种解决方案以及跨学科协作。

《2030 年可持续发展议程》规定，可持续发展总目标和相关子目标的应用需要考虑到不同国家的国情、能力和发展水平，并尊重其国家政策和发展重心（UNGA，2015，第 55 段）。由于可持续发展目标是引导性和自愿性的，各国会结合全球性目标和国情来制定本国发展目标。在如何将这些全球性目标纳入国家主要的规划、政策和战略方面，这一议程认可各国政府的自主权，这为土地使用规划协助可持续发展目标的实现打下了基础。

附录 C 中的表格包含了可以从土地使用和空间规划中受益的可持续发展总目标和相关子目标。一些可持续发展目标明确提及与规划进程之间的相互联系（如目标 11、目标 15）；在其他总目标及其子目标中，土地使用规划是促进目标实施的重要工具（如目标 3、目标 6）。土地使用规划分为国家和区域两个层级，遵循成熟的公众参与、政策整合以及土地和水资源潜力评估原则，因此土地使用规划可以解决政策和制度协调、多利益主体协作和数据可获取性等系统性问题，目标 17 中认为这些问题是促进可持续发展目标实施的重要因素。同样，鉴于土地使用规划评估了与可持续发展相关的因素并考虑了社会影响，采取最优的土地使用规划方案为实施所有可持续发展目标打下了基础。

专栏 16 土地使用规划以协调和综合的方式支撑了可持续发展目标的实施

2015 年 9 月联合国大会决议通过了《2030 年可持续发展议程》，以此明确全球的发展目标。该决议认可了规划在协调与实施可持续发展目标方面的关键性作用，正如以下段落中所阐述的：

"各地政府有权决定如何将这些远大宏伟的全球目标纳入自己的国家规划体系、政策和战略当中"（第 55 段）。

"我们鼓励所有成员国针对《2030 年可持续发展议程》的全面实施，尽快制定有雄心但切实可行的国家响应政策。这可以促使各国基于现有的规划手段（如国家发展和可持续发展战略）向可持续发展目标进行转变"（第 78 段）。

"我们还强调系统性的战略规划及其实施报告的重要性，以确保联合国发展系统 ❶ 对《2030 年可持续发展议程》实施提供全面支持"（第 88 段）。

（来源：UNGA，2015）

5.2
土地使用规划和其他全球共识的环境保护目标

25 年前，《21 世纪议程》❷ 明确了土地使用规划和管理是实现更有效、更集约利用土地的实施路径。

"规划通过综合性方法统筹安排土地的所有用途，可以最大限度地减少冲突，实现最有效的协调，将社会经济发展与环境保护联系起来，从而有助于实现可持续发展目标。综合性方法的实质体现在协调与土地利用、自然资源各方面有关的部门规划和管理活动"（UN，1993）。

---

❶ 联合国发展系统是联合国的各机构，包括儿童基金会和粮食计划署以及为其服务的专业技术秘书处和有关促进经济和社会发展的专门机构。——译者注

❷ 《21 世纪议程》是 1992 年 6 月 3 ～ 14 日在巴西里约热内卢召开的联合国环境与发展大会通过的重要文件之一，是"世界范围内可持续发展行动计划"，它是全球范围内各国政府、联合国组织、发展机构、非政府组织和独立团体在人类活动对环境产生影响的各方面的综合性行动蓝图。——译者注

世界各国政府认识到土地资源在解决可持续发展挑战方面的核心作用，包括与贫困、粮食安全、水和能源安全、人类健康、移民、应对气候变化和生物多样性减少有关的挑战（Akhtar-Schuster 等，2017）。可持续发展目标 15 及其子目标 15.3 倡导"到 2030 年，防治荒漠化，恢复退化的土地和土壤，包括受荒漠化、干旱和洪水影响的土地，到 2030 年尽可能实现全球土地'零退化'（Land Degradation Neutrality，LDN）"（UNGA，2015）。基于上述目标，发展中国家和发达国家认为土地使用规划对于土地的有效和集约利用至关重要。

《联合国防治荒漠化公约》缔约方将土地零退化描述为："一个国家 / 地区支持生态系统功能和服务以及加强粮食安全所需的土地资源数量和质量在特定时间、特定空间尺度和特定的生态系统中保持稳定"（Orr 等，2017）。通过这样做，缔约方认识到可以通过以自然资源可持续管理为导向的规划来避免或减少新的土地退化，并且可以通过包含了生态修复战略的土地使用规划来解决现有的土地退化问题（见图 5-1）。此外，《联合国防治荒漠化公约》第 12 次缔约方会议请各国依据其国情和发展优先事项自主制定实现土地零退化的目标，要求联合国秘书处和相关的荒漠化公约机构为国家制定土地零退化目标提供指南（UNCCD 第 3 号决定，2015）。

因此，2017 年《联合国防治荒漠化公约》发布了"土地零退化科学概念框架"（见图 5-1）（Orr 等，2017）。该方法通过修复退化区域来平衡预期的土地生产力损失，并鼓励将与土地零退化干预措施（如恢复、修复、保护）相关的规划纳入现有的土地使用规划中。土地使用规划可以用来帮助一个国家跟踪土地利用变化和土地管理带来的影响，因此上

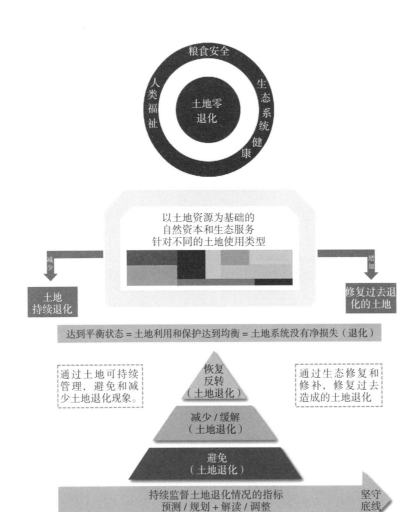

图 5-1 土地零退化科学概念框架的关键要素及其相互关系

（来源：Orr 等，2017）

国家背景
- 保护环境
- 保障土地所有权不受侵害
- 完善的政治机制
- 对自然资源进行管治
- 土地管理工作需要基础设施的支持
- 明确的可持续发展标准
- 外部的发展驱动力

土地政策
- 对于土地所有权制定权责分明的管制制度和指导性规则
- 国家层面的土地所有权相关法律
- 涵盖以下层面的部门法规和制度；农业、供水、自然资源、环境气候以及生物多样性、住房保障、遗产保护
- 各职能部门的实施项目
- 社区发展项目

土地使用规划和管理
- 发展规划
- 环境规划
- 国家层面的实施性规划
- 不同空间尺度的控制性规划
- 通过透明的政策过程、规划许可制度、用地许可、公众参与、土地利用矛盾调解等途径来进行规划实施和管理

土地信息
- 土地信息收集和登记
- 土地所有权登记
- 土地生产能力、土地利用情况
- 土地潜在的经济价值
- 土地退化情况
- 土地信息获取的途径：地籍图绘制、气候区绘制、土地生产能力和人性的评估和绘图，土地退化地图、土地利用模型和情景模拟、人口分布地图
- 形成综合的土地信息系统

实施可持续发展，实现土地零退化
- 应用土地零退化的政策响应措施
- 有必要的情况下，预测土地退化现象并实施正面的规划措施以抵消其带来的损失
- 实时监控与土地使用相关的决策，以确保土地零退化的目标能够达成

图 5-2 以可持续发展和土地零退化为目标的土地使用规划与管理体系

（来源：Orr 等，2017）

述平衡策略能够通过土地使用规划的追踪实现土地零退化的目标（Orr等，2017）。在可持续发展和土地零退化方面，图 5-2 显示了整合土地使用规划和管理体系的关键性要素。虽然某一要素的影响力会随各国国情发生变化，但这些因素都有助于一个国家追踪与实现土地零退化相关的土地利用决策（Orr 等，2017）。

应用这一概念框架来规划、实施和监测土地零退化时，缔约方可以通过建立土地、气候和生物多样性保护议程之间的联系，采取该国最有效、最合适的规划机制（不管是荒漠化公约国家行动方案还是气候、生物多样性修复或其他规划工具），来全力实现土地零退化目标（UNCCD，2017c）。

在使用现有规划工具来实施土地零退化的规划干预措施时，各国需要同步推进其他公约（即《生物多样性公约》和《联合国气候变化框架公约》）的目标（Akhtar-Schuster 等，2017）。同样，土地零退化的实施也会支撑并促进可持续发展目标的实现，如图 5-3 所示。

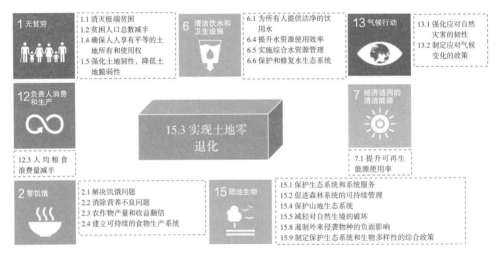

图 5-3　实现土地零退化有利于可持续发展目标的推进

人们逐渐认识到，推进《2030 年可持续发展议程》及相关目标需要建立具有时效性、实用性、协调性的政策工具，为合理决策提供信息和技术支撑。土地使用规划需要涉及多个利益主体的参与，在有效的治理手段和各类土地用途之间进行权衡以便有效利用和实施土地使用规划，需要通过促进资源利用效益最大化和土地利用冲突最小化实现资源可持续利用（FAO，2017）。图 5-4 表明可持续发展目标将受益于不同尺度的土地使用规划。

与土地使用规划<u>直接</u>相关

 11 可持续城市和社区
目标 11.3　到 2030 年，在所有国家加强包容和可持续的城市建设，加强参与性、综合性、可持续的人类住区规划和管理能力。
 目标 11.a　通过加强国家和区域发展规划，支持在城市、近郊和农村地区之间建立积极的经济、社会和环境联系

 15 陆地生物
目标 15.9　到 2020 年，把生态系统和生物多样性价值观纳入国家和地方规划、发展进程、减贫战略和财政核算中

 13 气候行动
目标 13.2　将气候变化的措施纳入国家政策、战略和规划中。
目标 13.b　促进在最不发达国家和发展中的群岛国家建立增强治理能力的机制，帮助其进行与气候变化有关的有效规划和管理，包括重点关注妇女、青年、地方社区和边缘化社区

17 促进目标实现的伙伴关系
目标 17.15　尊重每个国家制定和执行消除贫困与可持续发展政策的政策空间和领导作用

与土地使用规划<u>间接</u>相关

 1 无贫穷

 2 零饥饿

 3 良好健康与福祉

 5 性别平等

 6 清洁饮水和卫生设施

 9 产业、创新和基础设施

 10 减少不平等

 12 负责人消费和生产

 14 水下生物

 16 和平、正义与强大机构

图 5-4　可持续发展目标的实施与土地使用规划密切相关

第 6 章　结论

6.1
土地使用规划在可持续自然资源管理中的机遇

本书介绍了典型的土地使用规划在自然资源可持续利用和管理中的经验与教训。归纳来看,本书认为土地使用规划可支持以下目标的实现。

- 土地保护和发展目标的整合。

- 保护生物多样性,防止生态系统服务的减弱。为解决生物多样性的保护问题,可以制定和实施国家、区域和地方层面的战略与法定规划。值得注意的是,应尽早在土地使用规划的编制中考虑生物多样性保护问题,并贯彻在从规划到实施的每个阶段中(Australia, 2011)。

- 解决土地利用冲突,即部门利益之间的冲突与不同潜在土地用途之间的冲突(ESPON, 2012)。

- 规划未来的土地利用方式,促进农村和偏远地区从自给自足的小农经济转向面向市场的现代农业经济。

- 改善公共牧场的土地管理,如优化村庄和区域的土地使用规划与牧场管理方式,将畜牧活动必需的迁徙活动需求纳入考虑。

- 在国家层面落实在国际社会上达成一致的发展目标。

尽管参与式方法对于土地使用规划和自然资源可持续管理都至关重要,但是研究表明其依然存在许多缺点。值得注意的是,公众参与过程高度依赖各实施者的项目经验,他们需要将精心设计的土地使用规划方案,即在国家发展战略框架下对土地利用行为进行空间分配的方案,转变为宽泛的、框架性的引导措施,以市场力量为实施的驱动力,并匹配当前的社会经济形势(Okeke, 2015)。

此外,参与式规划比传统自上而下的规划更花费时间,因为涉及征询和协调不同的利益相关方。在埃塞俄比亚牧区实施参与式土地使用规划（见专栏2）也显示出利益相关者的参与带来的挑战："参与式方法需要政府与当地土地使用者密切合作……参与式方法的开展需要适应不同的社会经济和生态背景，需要面对不同的参与者，这需要非常高的谈判和协调技巧。参与式规划是问题导向的规划，需要综合各方诉求做出决策，这是最困难的部分，因为几乎不可能满足所有人的要求"（Tigistu Gebremeskel，2016）。然而，这种方法有助于提高规划成果的认可度，通常使利益相关者更愿意实施和维护它们（Jason Kami，2016）。

土地使用规划的实施战略可以包括社会工作，如对迁出保护区的生活、生产活动进行补偿，或鼓励非农业投资如生态旅游或公共森林管理。其中，常见的是将农村发展与生物多样性保护目标相结合的综合保护和发展项目。在中美洲国家，非政府组织通常作为主要参与者，与地方或国家政府机构合作设计和实施综合保护与发展项目（Wallace，2003）。

6.2

土地使用规划在可持续自然资源管理中的挑战

实施机制的建立是必要的，这不仅仅是出自于立法的要求。例如，在阿根廷、墨西哥和印度尼西亚，如果联邦政府、州和市政当局全面实施与土地使用规划有关的立法，则会对经济社会带来深远影响。执法机制包括与执法能力建设（capacity-building）有关的机制，对于全面实施规划至关重要。在墨西哥实施的《生态平衡普通法》表明，土地使用规划方面的法律应用应当注重综合性和协调性，才能够在城市与乡村地区实现保护环境和社会发展的法律目标。但是，人类活动与环境之间的关系协调同样需要财政、法律和技术等众多方面的支持（Wong-González，2009；Pavon and Gonzalez，2006）。同样，阿根廷的《综合土地使用规划法》实际上仅在城市地区发挥管理职能，主要涉及土地区划、建设密度和用途许可等相关问题，且执法力度不严，这可能是由于政策制定者并未充分认识到土地使用规划的重要性。因此，国家需要建立更完善的法律体系和经济措施才能保障一个综合性的土地利用管理系统的成功（Walsh，2006）。

在印度尼西亚，《空间规划法》规定了违反空间规划的相应处罚，但对于雅加达大都市区的违规行为（如空间规划中要求城市地区的开放空间不得低于30%，但雅加达大都市区仅有9%的土地是开放空间），政府并未作出相应的处罚。地区和社区层面需要更多针对空间规划实施情况进行监督的技术、法律培训和财政支持，以此加强执法水平（Rukmana，2015）。

通常很难评估土地使用规划对乡村地区的可持续土地利用和管理带来的环境效益。 例如，在阿根廷和墨西哥，土地用途管制在乡村地区的效益很难体现出来。其部分原因是，在农村地区许多土地利用管制涉及保护的对象是共有的或无形的（如生物多样性的保护、生态系统服务的保护或水质的保护）。生态系统服务带来的好处虽然得到广泛认可，但对于受到严格土地管制的土地所有者而言，并不能直接转化为经济价值。因此，土地用途管制大多数时候都造成了诸如生产力降低等经济损失，所以农村土地所有者往往不愿意接受这些土地用途管制，只有小部分能够充分理解生态系统服务重要性的环境公民 ❶ 能够充分理解土地用途管制的必要性。

　　土地使用规划必须经过部门间的博弈权衡才能实现多部门协调和土地利用效率提升。制定土地利用的政策决定需要协调不同部门之间的利益，包括工业、运输、能源、采矿、农业、林业和环境保护部门等。目前仍缺乏一种在部门利益、社会发展需求和环境问题之间实现全面共赢的土地利用政策，不当的政策反而会造成土地利用冲突恶化，正如欧盟的困境 ❷。利益博弈可以通过建立综合性土地使用和空间规划、保护区网络等有针对性的政策工具来实现。

　　需要整合土地使用规划、区域开发和管理的综合计划。必须在区域层面将各部门的政策（如土地利用、能源开发和水资源管理）整合到一个统一的规划当中，在对区域问题和情况深入了解的基础上推进自然资源可持续管理。

　　增强各层级治理是关键。土地治理需要促进部门行政和政策之间的横向协调、不同行政层级间的纵向一体化，并推进公众参与以及不同行业间的协作。缺乏横向和纵向协调及政策整合，土地使用规划效力太弱，被认为是造成欧洲城市快速扩张的驱动因素（EEA，2006）。在当今世界发展背景下，城市边界正在变得模糊，这增加了政府在土地管理事权方面的复杂性（如大都市政府的管理问题）。区域和地方管理部门在土地使用规划的编制与管理，以及预防和解决空间冲突方面可以发挥重要作用。地方政府在土地使用规划中的角色尤为重要，他们必须监测土地

---

❶ 环境公民（environmental citizenship）是一种理念，它认为每个人都是更大的生态系统中不可或缺的一部分，未来取决于每个人接受环境问题的挑战，并对我们所处的环境采取负责任和积极的行动。

❷ 例如，水力发电与水框架指令目标之间的冲突；生物能源生产对土地利用潜在的影响；风力发电对景观及鸟类生活的影响；在更大的尺度上，城市蔓延和城市中心主义之间的矛盾（Walsh，2006）。

用途的年度变化，并确保其与空间规划成果保持一致。

需要开源且丰富的数据资料库。土地现状信息对于土地使用规划非常重要，准确的信息基础有利于实现土地和自然资源可持续利用——这也是相关政策的终极目标之一。因此，土地管理部门需要掌握与土地适宜性或土地承载力相关的信息，以便在土地承载力范围内进行土地管理，避免土地退化。这些信息涉及土地的内在特性及其功能在相应尺度上的空间分布。规划人员需要准确实用的土地承载力示意图来辅助他们的决策，如农业灌溉承载力分布图具有很高的实用性，它的合理使用可以防止农业灌溉用地免于受到土地细分开发和其他潜在土地开发的影响。国家、区域和地方的土地使用规划都需要此类专业图纸（Shahid 等，2013）。

土地使用规划的实施和管理需要得到更多的公共与私人投资。无论是个人、公众还是私人组织，都需要在经济和财税激励措施下才会将自己的土地用于生态环境保护。

6.3

政策信息

（1）综合性土地使用规划是推进自然资源可持续管理和可持续发展的重要工具（Walsh，2006），它是实现环境可持续发展、社会公正与和谐、经济效益合理的土地利用方式的先决条件（GIZ，2012）。

（2）土地使用规划需要围绕着未来的土地利用展开，其对于保护和修复自然资源与生物多样性，确定和评估未开发的土地利用潜力，是一种有效的方法。

（3）土地使用和空间规划可以：①协调土地利用与环境问题，解决部门利益与潜在土地用途之间的冲突（ESPON，2012）；②保障土地产权并明确共有土地上沿袭已久的土地使用权。

（4）需要制定政策实施的具体措施，并提供相应的财政、法律和技术支持，以协调人类活动与环境保护之间的关系，指导土地使用规划，支撑自然资源可持续管理，协调和解决相互冲突的土地利用需求。

（5）土地使用规划需要从土地覆被和土地功能两个方面来着手，后者是解决其他土地问题的关键。

（6）必须在区域层面将各部门的政策（如土地利用、能源和水管理）整合到一个统筹性的规划当中，在对区域问题和情况深入了解的基础上推进自然资源可持续管理。

（7）区域层面的规划能够解决未来发展对区域自然资本的累积影响，并且可以在众多利益相关者之间明确保护和管理的权责。

（8）土地使用规划可以在国家、区域和地方等多个空间尺度下开展，规划的编制和实施应遵循完善的公众参与原则、政策整合原则和科学的分析评估过程，有利于解决政策协调和机构合作、多利益主体协作以及数据的获取和共享等关键性问题，它被认为是加强可持续发展目标的重要手段。

附 录

附录 A　方法论

2016 年 6～7 月，笔者在一系列权威的电子学术数据库（如 Web of Knowledge、SCIRUS、SCOPUS、Google Scholar）中以英文和西班牙文采用布尔逻辑检索（Boolean terms），对可获得的全部参考文件进行了检索和分析。检索条目包括：土地规划、空间规划、土地使用规划、国土空间规划、区域规划、可持续土地利用、自然资源可持续管理、区划、基于生态系统的规划、土地分配、农业生态区划、规划过程、国土、政策、规划政策工具、城市边缘区、城市、景观、复合功能、参与式、利益相关者、恢复、修复。西班牙文的检索条目如下：国土秩序（ordenamiento territorial）、规划（planificación）、生态领土秩序（ordenamiento territorial ecológico）。通过以上关键词进行检索，共筛选出 700 多篇与之相关的文献，将其导入 EndNote 中对标题和摘要进行审查后，对相关论文按照主题进行了分类。通过摘要检索筛选相关文献，对促进自然资源可持续管理的土地使用规划方法和政策标准进行界定。这些标准可用来判断相关文献是否可以作为最佳规划政策的案例研究，案例研究的选择依据包括地理区位（即每个洲至少选取一个案例）、地域类型（即农村、城市、城市边缘区）、行政层级和空间尺度（地方、州、区域、国家）。为了对多个案例研究进行系统性分析，笔者设计了一个案例研究的模板（见附录 B），采用交叉分析法来寻求案例之间的模式差异和内部关联，并发现案例中的最佳做法、经验教训和存在的局限性。

文献综述重点在于明确土地使用规划的核心定义，包括其在自然资源可持续管理背景下的内涵演变。这一分析工作有助于我们更好地评估不同规划方法之间的差异，以及在促进自然资源可持续利用方面的实际效用。

附录 B　土地利用政策的案例研究

B1　澳大利亚西澳大利亚州土地使用规划 ❶

政策：

《规划与发展法》（2005 年）（Planning and Design Act，简称 P&D Act）

最佳实践准则：

纵向一体化；有效衔接地方、区域和国家层面的机构；多部门协调（横向一体化）；一套适用于不同空间尺度的规划程序；明确的目标；具有法律约束力的土地使用规划；以可持续性为目标，实现社会、经济和环境发展的平衡；注重利益相关者的参与；实事求是、因地制宜；衔接土地使用规划和自然保护相关的法律；强调前瞻性。

关注点：

作为管理西澳大利亚州土地使用规划与发展的主要法规，《规划与发展法》的主要目的在于：①建立西澳大利亚州规划委员会（Western Australia Planning Commission，简称 WAPC）；②为编制州规划政策、区域规划方案和地方规划方案确定基础；③管理土地细分和土地开发；

---

❶　澳大利亚西澳大利亚州占地面积接近哈萨克斯坦、阿尔及利亚，比沙特阿拉伯、墨西哥、法国和肯尼亚都要大。——原作者注

澳大利亚是由 6 个州和两个领地（北领地和首都领地）组成的联邦制国家，中央政府与地方政府的管理权限在宪法中明确规定为互不隶属、互不干涉。西澳大利亚州（Western Australia，简称 WA）是澳大利亚联邦的一个州，其首府和最大城市是珀斯（Perth），全州面积约为 252.55 万 km²，占全国的 1/3，人口仅为 211 万，占全国的 10%，全州被分为 142 个地方政府区域。澳大利亚各州都有自己的规划立法和行政体系，西澳大利亚州也不例外。——译者注

④管理土地征收（见图 B-1）。

	法律	战略规划	空间规划	法定规划	应用
州	《规划与发展法》（2005 年）《贸易条例》（1967 年）《发展与规划法》（2011 年）	州规划战略 州发展政策 指南和手册 规划公报			
区域	《大都市重建管理法》（2011 年）	州规划战略 发展控制政策 指南和手册 规划公报	区域规划和基础设施框架	区域规划计划 区域近期发展指令	
次区域	《天鹅河和坎宁河法》（2006 年）	国家规划战略 发展控制政策 指南和手册 规划公报	分区结构规划		
地方政府		地方规划战略 地方规划政策		地方规划计划 地方近期发展指令	
地区	《佩利湖法》（2005 年）《希望谷法》（2000 年）《天鹅谷法》（1956 年）		地区结构规划	地方近期发展指令 地方提升规划和计划	
街区	州协定法		地方结构规划	改进规划 & 制定规划控制	土地细分
街道/地块			地方发展规划		土地细分发展
其他	《环境保护法》（1986 年）《遗产法》（1990 年）《场地污染法》（2003 年）《矿业法》（1978 年）				

图 B-1 西澳大利亚州的集中式规划系统概述

注：在有些情况下，一些规划工具可能不止属于一栏，如地方结构规划和地方发展规划既是空间规划方面的文件，也具有法定意义。

背景（社会政策与法律背景）：

西澳大利亚州的规划体系已经实行了大约 50 年。该规划体系是基于一套成熟的行政体制，包括强有力的法律体系、中央集权的法定区域规划、土地细分管控、对地方规划的监管、大都市改善发展基金，以及一个以州政府专家为顾问来行使权力，分配资源和提供建议的法定权力机构。

规划署 ❶（Department of Planning，简称 DoP）与规划委员会之间通过紧密合作，确保规划委员会在保证与州政策一致的前提下行使规划权力并履行资源分配的职责，而规划署则通过规划编制和管理来实现州政府或者西澳大利亚州计划委员会的目标。

规划法治体系主要包括《环境保护法》（1986 年）、《西澳大利亚州遗产法》（1990 年）以及《环境污染法》（2003 年）。

实施情况：

西澳大利亚州规划框架中明确了践行和落实《规划与发展法》（2005年）实施的众多关键性事项，包括了引导政策制定以及确保发展结果合理的规划政策和法定文件。西澳大利亚州规划框架的发展策略基于 6 个原则：社区（多样性、可负担性和安全性）、经济（促进贸易、投资、创新、就业和社区改善）、环境（通过可持续发展保护州自然资产）、基础设施（确保基础设施能够支撑地区发展）、区域发展（建立州内各区域的竞争与协同优势）、以及治理水平（提升社区对发展进程的信心）（见图 B-2）。

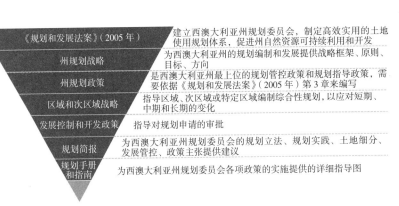

《规划和发展法案》（2005 年）	建立西澳大利亚州规划委员会，制定高效实用的土地使用规划体系，促进州自然资源可持续利用和开发
州规划战略	为西澳大利亚州的规划编制和发展提供战略框架、原则、目标、方向
州规划政策	是西澳大利亚州最上位的规划管控政策和规划指导政策，需要依据《规划和发展法案》（2005 年）第 3 章来编写
区域和次区域战略	指导区域、次区域或特定区域编制综合性规划，以应对短期、中期和长期的变化
发展控制和开发政策	指导对规划申请的审批
规划简报	为西澳大利亚州规划委员会的规划立法、规划实践、土地细分、发展管控、政策主张提供建议
规划手册和指南	为西澳大利亚州规划委员会各项政策的实施提供的详细指导图

图 B-2　西澳大利亚州规划框架

---

❶ 澳大利亚规划署分为首都规划署和地方规划署，首都的地方规划由地方规划署按法定程序编制或修订，并征询首都规划署的意见。——译者注

西澳大利亚州规划框架有效推进了多主体间的协调（纵向和横向一体化）；在这一框架下，水资源问题被视作规划必须考虑的相关因素。西澳大利亚州规划政策为地方一级的规划战略、方案以及政策制定中应考虑的各项事项提供了充分的指导。例如，对与湿地、航道、泄洪道、饮用水源以及排水等有关事项进行指导，这些指导与水资源相关的政策法规互为补充、相互支撑。同样，州规划政策也需要考虑农业发展、乡村地区的土地利用以及沿海平原流域规划，这些工作都需要与第一产业和区域发展部进行协商。

主要方法：

战略规划由西澳大利亚州规划委员会和地方政府共同制定与实施，为土地利用和开发提供指导。而战略性的空间规划则是整个规划体系中不可或缺的一部分，其为公共服务提供、基础设施建设，以及土地开发和利用等方面提供了一种相互协调的战略框架，并可以应用于各种尺度的区域之中，引导其实现特定的发展目标。在不同的空间尺度上，它们帮助州和地方政府的决策者对区划调整（rezoning）、土地细分和开发项目进行评估。

《规划与发展法》（2005年）明确了规划主管部门和相应领导有权强制执行规划立法中的规定，包括强制执行暂行开发规定和规划方案。该法还规定了各类违法行为的认定标准和惩罚措施。

地方政府有权强制执行规划方案中的规定，以及任何基于规划方案所作的决策。例如，执行土地开发的要求和批准的条件，要求开发和使用土地前必须获得规划许可（见图B-3）。

公众咨询是规划的重要组成部分，且土地使用规划的编制指南要求征询社区、相关机构以及利益相关者的意见（即按照科学合理的公众咨询方式来对不同的主体进行意见征询）。通过这一过程，在各项提议的规划方案及政策最终形成之前，公民可以通过电子咨询页面提出自己的

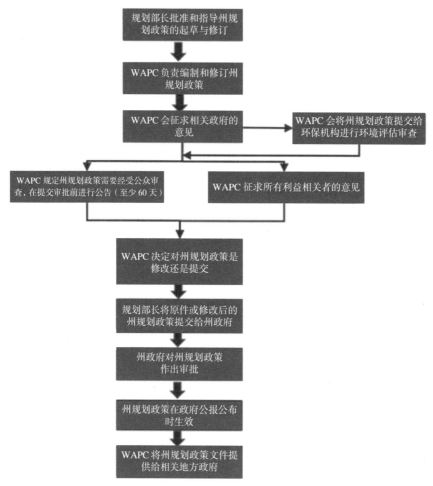

注：WAPC——西澳大利亚州规划委员会

图 B-3　西澳大利亚州规划方法

看法和建议。

贡献和影响：

土地使用规划对西澳大利亚州的生物多样性保护具有很大的影响力。土地使用规划对于自然资源可持续管理作用在于：保护乡村土地和农业生产原料免于城市和城郊的侵占，防止酸性硫酸盐土壤的暴露，严禁污染活动或对污染地块进行修复，应对土壤盐渍化和地下水位上升，确保土地资源的适度开发，保护地下水源的质量和保有量，通过水敏感城市设计❶保护水质、减少侵蚀，减少水体富营养化以及地表和地下水污染，在开发建设区与沿海河口、浅水滩之间建立适当的缓冲区，对河漫滩进行管理，防治或减少植被破坏，保护自然栖息地不受破坏，保护和强化生态走廊，通过交通需求管理降低对汽车的依赖性，提出应对沿海开发引起的海平面上涨以及风暴潮增加问题的措施。

局限、反思和经验教训：

西澳大利亚州的土地使用规划在实现自然资源可持续管理方面仍面临诸多限制，而这些也是今后改进的重点。如果希望实现自然资源可持续管理，需要重视并改进土地使用规划的以下几点问题：复杂的分层审批流程，过于漫长的规划修改周期，以及依赖规划调整来激发新的发展需求。自然资源管理的三个核心方法需要有效整合到规划过程中，包括真正做到重视生物多样性的价值，确保长期规划得以执行和明确规划的问责制度。

区域规划项目凸显了地方政府和流域组织❷工作的局限性，包括各类资源的匮乏（时间、人员和资金），以及基础数据的缺失（不完整、不集中或真实性不足）。这些问题限制了行政人员通过规划实施自然资源管理保护的力度。

通过土地使用规划改进可持续自然资源管理的关键机会在于：明确规划委员会和环境保护当局在自然资源管理中的角色和责任，尽早考虑

---

❶ 水敏感城市设计（Water-sensitive Urban Design，简称 WSUD）旨在通过在城市到场地的不同空间尺度上将城市规划和设计与供水、污水、雨水、地下水等设施结合起来，使城市规划和城市水循环管理有机结合并达到最优化。这与我国目前大力提倡的"海绵城市"有着异曲同工之妙。——译者注

❷ 指代以保护某个流域为目标，由流域境内社区或政府组建的机构。——译者注

将可持续自然资源管理与土地使用规划编制过程相整合，在区域范围内实施战略规划，将可持续自然资源管理整合到地方的规划战略和计划，为自然资源管理政策的执行提供更好的指导，以及确保政府的各职能部门都参与到战略规划中。

B2　美国俄勒冈州的土地使用规划：州—区域—城市—半城市化地区 ❶

政策：

《土地保护与发展法》（1973 年）（Land Conservation and Development Act，简称 LCDA）

最佳实践准则：

上下联动；州、区域和地方层面的有效联系；多部门协调（横向协同）；一系列适用于不同空间尺度的规划程序；应用"轻技术"方法；明确土地使用规划的法律约束力；以促进可持续发展，平衡社会、经济和环境的需求为目标；注重利益相关者（公民）的参与。

关注点：

1973 年美国俄勒冈州 ❷ 通过的《土地保护和发展法》要求所有城市

---

❶ 美国各州的规划体系差异较大，联邦政府很少介入各州的土地利用规划和管理，土地利用的立法权基本掌握在各州手中，以至于各州在土地利用法方面差异极大。俄勒冈州的土地利用立法与规划、管理是一个统一的整体，整个系统既在行政体系中自上向下推行，又在司法体系中获得法定权威并受到严格监督。俄勒冈州独特的土地利用管理体系已经运行和演进了近 40 年，其经验在美国规划界被认为是严格保护资源用地、控制城市蔓延的典范，尤其是农田和森林用地的保护立法，在美国各州中独树一帜。值得关注的是，农业和林业是俄勒冈州最重要的支柱产业之一，而城市的开发与资源用地的保护矛盾十分激烈，低密度的城市蔓延必然已经极大地威胁了地区的农业、林业发展以及环境保护，因此俄勒冈州十分重视农田和其他自然资源的保护。——译者注

❷ 俄勒冈州面积略大于英国或者加纳面积。

和县❶制定符合 19 个规划目标❷的综合性土地使用规划。这些规划目标不仅体现了州土地利用政策，也体现了公众参与、住房保障以及自然资源利用等相关政策。这些政策包括农村土地向城市用地有序转变，森林和农用地的保护以及自然资源与开放空间的保护。

为了实现这些目标，市县必须将土地开发限制在城市增长边界内，并通过区划来管控城市开发边界外的发展。地方规划机构可以批准部分在规划林地和农用地中的建设项目，但必须向土地保护和发展委员会报告。

背景（社会、政治和法律背景）：

俄勒冈州的土地使用规划被认为是美国州层面上土地利用政策的先驱。该规划是为了应对 20 世纪 50 年代和 60 年代由于俄勒冈州西部人口快速增长而导致的森林和农田减少。当时，法律授权地方政府管控城市增长，而在城市范围以外的区域，在森林用地和农用地上的住宅开发往往缺乏规划和管理。为此，俄勒冈州的立法机构于 1973 颁布了《土地保护与发展法》。俄勒冈州通过对相关法律和政策的定期修正，来改善土地使用规划中存在的问题。

这些规划法不仅适用于地方政府，也适用于特区和州政府机构。这些法规十分强调州与地方规划、实施项目以及发展目标之间的协调

---

❶ 美国行政级别包括联邦、州、县、市，所有县辖区合在一起可以完全覆盖全部领土范围，而城市作为地方自愿成立的自治区，一般只包括城市化地区，而且一般小于县的辖区范围。县与市有较强的自治权，包括独立编制土地利用规划，独立实施土地利用管理，以及在本辖区制定某些征税政策与法规等。虽然县辖区覆盖了市辖区，但两者并无行政上的隶属关系。在俄勒冈州，市管理城市事务，而县对市辖区外的乡村地区实施管理。——译者注

❷ 1973 年，俄勒冈州参议院 100 号法案产生了一个由 7 名委员组成的俄勒冈州"土地保护与发展委员会"，并通过该委员会制定了 19 条全州性的规划目标作为整个系统的基础。这些目标符合联邦宪法和州宪法，体现了全州与土地利用相关的重要政策，经州议会通过而具有法律效力，全州所有的土地利用行为都必须服从这 19 条目标。——译者注

一致。俄勒冈州的土地使用规划建立了与规划制度相适应的公众参与制度。

实施情况：

土地保护与发展委员会（Land Conservation and Development Commission，LCDC）负责监督土地使用规划。地方规划必须符合州规划目标（如在编制土地使用规划时必须考虑自然资源）。当土地保护与发展委员会正式批准地方政府的规划时，该规划就成为当地土地利用的控制性文件。大多数的规划目标都制定了引导性的实施方案。

主要方法：

《土地保护与发展法》的目标 2❶ 为规划编制提供了一系列的指导，包括市、县、州和联邦政府的总体规划和专项规划。目标 5（关于自然资源）规定各市县应当对湿地、河流、野生动物栖息地、开放空间、考古遗址和人类学遗址等进行调查和登记。地方政府随后必须确定哪些资源是重要的，并分析它们得到保护或缺乏保护的结果。如果决定保护，地方政府就必须制订适当的保护方案。然而，这一措施的漏洞是地方政府有权决定不对自然资源进行保护。

贡献和影响：

现有研究表明，自 1973 年开始实施规划以来，俄勒冈州的土地使用规划方案在森林与农田的保护方面取得了相当大的成功。

土地使用规划成功遏制了城市地区的扩张，保护了经济林与耕地，进而为野生动物和水资源提供了必要的生态环境。然而，土地使用规划制度似乎对城市开发边界内的生物栖息地保护和修复、流域生态安全产

---

❶ 俄勒冈州的资源用地保护策略集中体现在全州性的几条规划目标中，包括：目标 2，土地使用规划；目标 3，农用地；目标 4，森林用地；目标 5，开放空间、景观与历史区域及自然资源；目标 14，城市化；目标 15，威拉米特河绿廊；目标 16，河口资源；目标 17，海岸滩涂地；目标 18，海滩及沙丘；目标 19，海洋资源。

生了影响。

局限、反思和经验教训：

俄勒冈州的规划项目最初得到了立法和公民的支持，但随着时间的推移，分歧开始出现。支持者认为土地使用规划是森林和农田得以长期保护的必要条件，而反对者则认为土地使用规划侵犯了土地所有者的权利。该规划方案最明显的局限性在于：一是其在管理方面刚性有余而弹性不足；二是在某种程度上损害了私有产权；三是未能反映出当今的社会和经济环境的变化；四是缺乏兼收并蓄的机制，导致体系固化；五是对城市地区的生态系统保护缺乏系统性。

土地利用规划系统的若干结构性问题削弱了其对自然生态区的保护效力。这些问题包括：自然资源的保护分散在至少四个不同的规划目标中，这些分散的目标导致规划方案缺乏综合性；一些目标是以过程为导向而不是以结果为导向的，因此它们的有效性在很大程度上取决于地方领导的意愿，这导致实施结果毁誉参半；目前的目标尚未解决已退化的生态系统的恢复和重建问题。地方社区在确定环境和自然资源保护程度方面享有一定的决定权，这既是现行规划制度的优点也是弱点。Gosnell 等（2011）提出了以下建议，以解决目前规划体系中存在的问题。

一是自然资源保护需要更加明确、具体的目标（即明确具体成果）；土地使用规划需要改革，强调综合性自然资源规划的重要性。

二是需要对被开发森林和农田进行跟踪与评估，以更好地区分城市增长边界内外、规划与否带来的差异。

三是根据土壤等各类地理要素信息，对被开发森林和农田的质量进行跟踪和评估。

四是采用土地利用空间数据来分析开发对森林和农田生存环境的影响，以及土地使用规划所产生的环境治理成效。

五是应考虑规划方案如何通过保护森林来提升都市生活质量。

（来源：Gosnell 等，2011；Oregon；Portland；）

B3　欧盟土地使用规划和空间规划——区域尺度

政策：

欧盟在"区域"视角下制定了一整套影响土地使用与管理的空间政策，成为自然资源可持续管理、区域凝聚、区域发展等领域的典型案例。

《欧洲空间发展远景》（European Spatial Development Perspective，简称 ESDP），1999 年；

《欧盟凝聚政策 2014—2020 年》（Cohesion Policy 2014—2020），2014 年；

《2020 年欧盟领土议程》（European Territorial Agenda 2020），2011 年。

最佳实践准则：

地方、区域和国家各级高效衔接的机构；多部门协调（横向协调）；适用于不同空间尺度的规划流程，如使用辅助性原则 ❶；明确的目标；具有法律约束力的土地使用规划；以可持续性为目标，平衡社会、经济和环境之间的需求；多利益相关者参与；区域凝聚；空间导向；前瞻性。

关注点：

《欧洲空间发展远景》 形成于 1999 年，是一个非约束性的框架，旨在实现平衡和可持续的空间发展战略。其目标与欧洲基本政策目标一致：①提升经济与社会凝聚力；②保护自然资源和文化遗产；③欧盟境内不同地区之间形成更加均衡的竞争格局；④建立平衡的多中心城市体

---

❶　辅助性原则（the principle of subsidiarity）是欧盟法中与权利划分问题联系最为紧密的宪法性基本原则，其具体表述为："在其非专属职能领域，欧盟应当依据辅助性原则的要求，只有在对拟定中的行动目标成员国无论是在中央层面还是地方和区域层面都不能予以充分实现的，欧盟作为一个整体能更好地完成时，才由联盟共同采取行动。"

系与新型城乡关系；⑤确保使用基础设施和获取知识的平等性；⑥可持续发展，对自然与文化遗产的精明管理和保护。

《欧盟凝聚政策（2014—2020年）》 该政策的制定与欧盟空间发展背景下的"区域凝聚力"概念息息相关。这一概念通过2009年的《里斯本条约》被纳入欧盟规划的主体内容，作为凝聚政策的第三个层面，旨在加强经济和社会凝聚力。区域凝聚力政策通过保障欧盟境内国家和地区的多元和谐发展，使公民能够充分利用欧盟的各种区域优势 ❶、❷。从地域角度审视凝聚政策，需要把更多注意力放到可持续发展和服务均等化上。这一政策同时强调，许多问题是跨区域的，可能需要几个区域或国家作出协调一致的反应，而另一些问题则需要在地方或社区一级加以解决。

《2020年欧盟领土议程》 这份文件通过引入"欧洲特征"这一概念，明确了需要各国、各地区统一贯彻落实的共同优先事项，寻求实现成员国之间空间政策的更好协调。其目的是提高欧盟层面政策与各成员国内部空间政策之间的一致性（即促进地域凝聚力的实现），以更好地把握欧盟层面当前的空间体系和区域发展趋势，改善纵向和横向协调，增加个体和公共部门的参与程度，实现更有针对性的区域治理。

背景（社会政治和法律背景）：

欧盟土地利用格局和土地覆被的变化趋势受国家层面规划体系的影响。欧盟各国中常见的规划方式包含以下几种：集权模式、分权模式、区域经济发展规划模式（法国、葡萄牙、德国）、综合性一体化规划模式（北欧国家和奥地利）、土地管理导向的规划模式（英国、爱尔兰、比利时）、以城市为主的规划模式（地中海国家）。虽然空间规划不属于欧盟的职权范围，但欧洲空间发展远景等政策可以较好地使空间规划在各国国家

---

❶ 《领土凝聚力绿皮书》（Green Paper on Territorial Cohesion）（2008年）.
❷ 指代欧盟境内多个诸如伦敦、巴黎、法兰克福这样世界级大都市，以及连接全球的铁路、高速公路、港口和机场。——译者注

层面形成基础框架。

上述欧盟政策通过多种战略措施确定了土地利用政策的框架条件。虽然土地使用规划和土地利用管理的决策通常在区域或地方一级进行，但是欧盟委员会在确保成员国在其土地使用规划中重视环境问题方面发挥了重要作用（例如，通过设计方法、利用环境工具来分析拟开发项目的影响，改进欧洲沿海地区的规划、管理和土地利用等）。

将领土凝聚力政策纳入欧盟土地使用规划，可确保空间发展在欧洲土地政策中得到充分考虑。它促进了各种空间政策之间的协调，并推动了与土地使用和发展规划相关的各部门间的合作。近年来，多边地区的发展战略也得到了考虑，如波罗的海沿岸地区、多瑙河流域等。

实施情况：

近期对欧盟国家规划政策和治理的分析（PLUREL 项目❶）侧重于政府系统的运作（松散 / 紧密）和规划政策系统的类型（强 / 弱管控，区域 / 国家层级）研究，认为上述两个因素是影响土地使用及其变化的关键❷。研究结果表明，欧洲北部地区（如丹麦、英国和荷兰）得益于其规划制度和较为稳固的地方政府系统，对土地用途变化的控制程度较高，这一特点也体现在立陶宛（具有从苏联计划部门继承下来的强有力的传统计划体制）和保加利亚（有稳固的地方政府系统）。欧洲南部地区（如塞浦路斯、希腊或葡萄牙）尽管在地方以上层级对土地利用变化的控制较强，地方政府系统却相对松散。

---

❶ PLUREL（Peri-urban Land Use Relationships）是一个探讨城市边缘区土地利用战略与可持续影响评估工具的综合项目，选取 7 个案例以探索城市土地之间利用的关系，这 7 个案例包括华沙（波兰）、莱比锡城（德国）、海牙地区（荷兰）、曼彻斯特（英国）、蒙彼利埃（法国）、科佩尔（斯洛文尼亚）和杭州（中国）。——译者注

❷ 评估空间规划政策的力度主要是通过观察地方以上层级对土地利用变化的影响程度（例如，通过地方以上层级的空间规划、地方规划的重要性或对地方决策的否决权）；人们认为，区域 / 空间规划政策可能分为较弱的控制水平、中等水平的控制或强有力的空间政策控制。

贡献和影响：

《欧洲空间发展远景》的主要贡献包括：引导了欧盟内部地域平衡和区域凝聚力的政策取向，提高了欧盟竞争力，建立了更加紧凑的城市体系，加强城市和乡村地区之间的合作关系，促进了市场开放和知识信息的平等流动，使自然资源和文化资源管理更精明。

《欧盟凝聚政策（2014—2020年）》的主要贡献包括：为更好地阐明和协调土地利用政策提供了有效的框架；使结构发展基金和凝聚力基金 ❶ 的投资在城市和乡村地区间更优地配置，以有效管理城市蔓延。

《2020年欧盟领土议程》的目标在区域和城市政策中得到落实，同时也一定程度上在环境保护和交通运输政策中有所体现。这种作用主要体现在欧盟层面，在国家以下治理层级和其他政策领域中作用相对较小。

局限、反思和经验教训：

《2020年欧盟领土议程》所强调的主要挑战（如生物多样性丧失、气候变化的地理差异影响和环境风险）与土地利用和管理方式有很大关系。尽管《欧盟凝聚政策（2014—2020年）》已经切实缩小了欧盟各国在经济、社会和环境方面的差异。但也有人指出，该政策应在当下经济危机和促进欧盟2020年战略落实方面发挥更为关键的作用。

欧洲土地利用模式在区域凝聚力和区域发展方面的教训与挑战主要包括以下方面。

一是需要对可持续土地使用采取更综合的政策办法。欧洲的经济发展依赖于包括"空间"在内的自然资本，欧盟关于可持续利用自然资源的专项战略将空间作为一种资源，具体是指物质生产资料（如矿物、木

❶ 欧洲一体化空间规划体系的雏形源自与经济政策的紧密结合，即欧洲结构发展基金（Structural Funds）和凝聚力基金（The Cohesion Fund）资助项目的区域分布安排。欧洲结构发展基金设立于1975年，资助目标主要分为两大类：一是发放欧洲区域发展基金，用于资助人均GDP相对较低地区的发展；二是欧洲社会发展基金，用于帮助工业衰落地区克服经济结构转型中的各种困难。凝聚力基金于1993年设立，用于加强对不发达地区的经济援助。——译者注

材、粮食等）和各种社会经济活动所需的陆地和海洋空间，这些生产以及社会经济活动往往在争夺同样的空间资源。因此，需要制定更加综合、全面和符合时代趋势的政策方针，通过提高土地利用效率和景观功能的复合性，促进欧洲空间可持续发展。

二是需要在土地利用政策的制定过程中进行部门间的利益权衡。这些部门包括工业、运输、能源、采矿、农业、林业、娱乐以及环境保护部门等。目前欧盟内部缺乏统筹考虑社会和环境问题、权衡各部门利益的政策制定机制，这种政策缺位进一步造成了土地利用方面的冲突❶。因此，需要通过制定综合性土地利用和空间规划，建立更有针对性的政策工具来实现部门间的利益权衡。

三是需要制定更多针对土地使用规划和区域发展与管理的综合计划。自然资源可持续的国土管理需要通过整合土地利用、能源和水资源管理等跨部门政策来实施和改进。必须基于对区域发展动力的理解，将这些措施整合为区域层面的独立规划工具。

四是需要强化多层次治理。即通过促进管理部门与政策间的横向协调、各级行政管理和公众参与的纵向协调，来实现治理的多部门协调。在欧洲，城市的无序扩张主要有两方面驱动因素：一方面是横向（部门）和纵向（体制）上的政策缺乏协调和统筹，另一方面是土地使用规划内容的薄弱。此外，随着城市间的边界日趋模糊，土地使用规划因为需要解决不同层级的治理问题而变得更加复杂（如协调大都市区层面的治理问题）。

五是需要进一步推广成功限制建成区无序蔓延的城市规划政策和实践。城市增长需要被谨慎看待，因为它往往以牺牲耕地或林地为代价。城市的无序扩张是当前国土发展模式的一个重要负面因素。在欧盟关键性政策框架（此框架对限制城市无序扩张的政策起到主要作用）中制定

---

❶ 这些冲突包括水力发电、水利工程框架性指令目标、生物能源生产的间接土地利用效应，风力发电对景观和鸟类生活的影响，大规模的城市蔓延现象和多中心主义目标的矛盾等。

综合性空间规划时，交通规划和区域凝聚力政策是空间规划取得积极成效的重要方面。

B4 丹麦空间规划——国家尺度

政策：

《规划法案》（2007年）（The Planning Act）

最佳实践准则：

权力下放背景下的纵向一体化管理；地方、区域和国家政府机构之间的有效衔接；多部门协调（横向整合）；适用于不同空间尺度的规划程序，如前面所述的辅助性原则；明确的目标；土地使用规划的法律约束力；与经济发展规划相互衔接；以可持续发展、社会公平，以及满足经济发展和环境保护需求为目标；注重利益相关者的参与。

关注点：

《规划法案》明确要求丹麦的土地使用规划需要综合考虑社会利益与自然环境保护，正因如此，社会经济的可持续发展、人居环境改善与野生动植物的保护被视作同等重要、互不矛盾。

空间规划旨在促进国家、区域、地方等不同空间层级的有序发展。除了前面所述的可持续发展之外，还需要对经济发展进行统筹考虑和全局规划，具体方法包括：营造和保护有价值的建筑、居民点、城市景观环境，防止空气、水、土壤和噪声污染，在规划过程中尽量实现公众参与等。

背景（社会政治和法律背景）：

丹麦规划体系自20世纪70年代确立以来，一直延续三个核心原则：权力下放、框架控制和公众参与。丹麦的空间规划体系简洁清晰，在事权划分上具有较强的分权特征。国家环境部的职责在于通过国家层面规划维护国家利益；区域议会的职责是为区域的空间发展制定战略规划；市议会负责城市和以下各层级的土地利用管控，并为土地所有者制定法定的开发指南。

《规划法案》将公众参与作为了规划编制的必要条件。而规划部门则有权决定规划信息的共享程度和公众参与的方式，如组织公民会议、建立工作组、设立网络平台和交流会等。在此背景下，政府部门会致力于促进公众、非政府组织和团体参与到规划过程当中。

实施情况：

国家环境部通过国家规划报告、国家规划指令、国家利益综述（分析并归纳国家利益在地方规划中的传导情况）、意见征询等方式，建立了从国家到区域再到地方层面的规划编制框架，覆盖相当全面。国家环境部通过多种行政手段，包括行使否决权，确保下位规划符合国家总体利益（即纵向传导的有效性）（见图 B-4）。

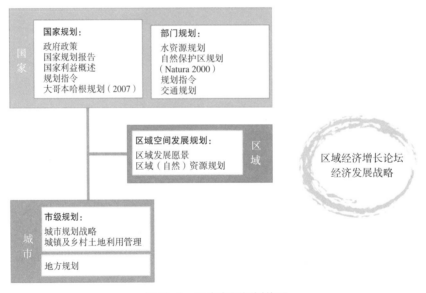

图 B-4　丹麦空间规划体系

区域议会负责制定区域空间发展规划，详细说明区域的发展愿景。这是一种新型的战略规划，不仅统筹了该区域的总体空间发展，而且与区域经济增长论坛制定的经济发展战略相协调。市议会在市级规划中明确其发展目标和战略，市级规划不仅是编制地方详细规划的依据，也是审批各类开发项目的依据。

主要方法如表 B4-1 所示。

各级政府采用的规划和土地利用政策工具   表 B4-1

规划名称	定位和期限	目标、形式和作用	编制部门
国家规划报告	法定的总体方针，要求每届议会选举之后必须编制❶	制定当前的国家规划政策，并为区域和地方规划部门提供指导。指导规划的理论方法、范围和发展定位在过去 40 年间发生了较大变化	由国家环境部编制，内阁政府签发
国家规划指令	法定指令	就涉及国家利益的具体问题（如天然气管道、输电线路通道等）制定法律规定	由国家环境部编制，环境部长签发，对区域和地方当局具有约束力
国家利益综述	法定报告，每四年编制一次	该报告明确了国家利益和对地方政府的期望，它包括以立法形式从政治上通过的决定中产生的利益和考虑因素	由国家环境部与其他相关部门合作编制，对地方当局具有约束力
区域空间发展规划	战略发展规划，明确每个行政区域的未来空间发展战略。每四年编制一次	它是市级层面引导增长与发展的重要政策手段。实践中，对市级以下的区域空间发展缺乏管控作用	在自下而上区域内的各市政府和相关利益主体协同编制
市级规划	指导土地利用管控的法定规划，每四年修订一次，覆盖全域，规划期为 12 年	为城市和乡村地区指定总体或专项的土地利用政策与规定。是市级层面发展管控的主要政策工具	由市议会编制和审批，在规划编制和审批前须分别征求公众意见。对地方政府具有约束力
地方 / 邻里规划	地方邻里层级的法定规划，必须在开发项目立项前编制完成	通过 1 : 500 ~ 1 : 5000 的图则和文本明确土地用途和开发条件	由市议会编制和审批，审批前必须经过为期 8 周的公示。除非涉及其他法律问题，必须服从该规划，不得与市级规划相违背。对土地所有者具有约束力

---

❶ 在每次议会选举之后，环境部长将一份国家空间规划报告提交给议会环境和区域规划委员会。该报告以提案形式提交，其中包含备选方案，同时公开征求意见。——译者注

贡献和影响：

《规划法案》提出了空间规划应实现的五方面目标：一是城市和乡村应差异化发展；二是发展应惠及全体丹麦人民；三是空间规划应当体现城镇自身的特点，如风貌、自然和景观特征；四是空间规划应与基础设施投资协调一致；五是空间规划应是综合性规划。

不同时期，空间规划在国家的增长与发展管理方面发挥着不同作用。例如，1962 年以来丹麦一直在建设被称为"H"形结构的国家干线铁路网和公路网，预期其将大幅度提升丹麦与欧洲中部的连通性。

丹麦规划体系在其诞生之初的 30 年中，奠定了空间规划的体系、机制以及实施路径。20 世纪 80 年代后期，随着发展模式的转变，空间规划的目标更加均衡，其将可持续发展议程融入到战略目标之中。20 世纪 90 年代至 21 世纪初，空间规划的主流导向是既强调均衡发展又强调战略性，但战略性始终处在更重要的位置，因为空间规划需要为政府所面对的全球化挑战提供解决方案（Galland，2012）。

目前，区域和地方管理部门在土地利用规划和管理、预防和解决空间冲突等方面发挥着重要作用。同时，丹麦建立了较为完善的土地利用监测系统，定期评价报告市级土地利用的重大变化，这些变化经地方政府的确认，需反馈到规划之中。地方政府主要职责包括监测土地使用的变化，并确保其与空间规划保持一致。

局限、反思和经验教训：

Galland（2012）认为，目前的规划制度与其他部门政策仍然缺乏有效衔接，战略性和空间性思维体现不足，这在一定程度上降低了空间规划在政府决策过程中的实际效用。他认为，丹麦现行规划体系在确保规划有效实施方面不及以往。

从宏观上来看，国家空间规划体系和政策的转变受到不同时期发展趋势的影响。因此，20 世纪 60 年代和 70 年代的福利社会风潮，

90 年代末和 21 世纪初的全球化风潮都对丹麦的空间规划带来了影响（Galland，2012）。

丹麦国家空间政策的重要议题之一是基础设施规划：空间规划中提出修建桥梁将丹麦的大陆与岛屿联系起来，并将丹麦国内的桥梁、公路和干线铁路接入欧盟区域交通网络，以便与其他国家实现更紧密的联系。

丹麦目前正经历着发展模式向现代化和科技化转型，因此传统的空间规划也面临着新的挑战。这意味着规划关注重点将从城市扩张、住房条件改善、交通走廊建设、农业集约化发展和工业区更新等传统领域转向高端服务业、高科技产业和技术研发等新兴领域（ESPON，2012）。

（来源：日本国土基础设施运输和旅游部，未注明发布日期；Galland and Enermark，2012；ESPON，2012；Galland，2012）

B5 南非的空间性土地使用规划——国家尺度

政策：

《空间规划和土地利用管理法》（2013 年）（Spatial Planning and Land Use Management Act 16）

最佳实践准则：

明确的目标；具有法律约束力的土地使用规划；纵向一体化；战略前瞻性；注重公众参与；尊重不同利益主体的意见；地方、区域和国家政府机构之间的有效衔接；多部门协调（横向一体化）；以空间发展为导向；适用于不同空间尺度的规划程序；与经济发展规划相衔接；以实现可持续发展、社会平衡，以及满足经济和环境需求为目标。

关注点：

该法是空间规划和土地利用管理、监测预警、规划协调、规划评估的法律基础，法案中明确了空间规划、土地利用管理和其他相关规划之间的关系。同时，该法明确了空间规划和土地利用管理的相关政策、准则、规范和标准，为政府在各领域提供了具有包容性、面向未来发展、公平且高效的空间规划。此外，该法解决了空间规划和土地管制之间脱节的问题，如加强了建设项目申请和政府土地利用的决策过程之间的衔接。法案中要求成立城市规划委员会，明确了其职能和运作机制，该委员会负责执行各类与土地开发相关的政策和措施。该法在实现其目标过程中遵循五项原则，即可持续、社会公平、注重效率、统筹一体和有效治理。该法案适用于城市和乡村地区，也涉及基础设施发展等领域。

背景（社会政治和法律背景）：

《空间规划和土地利用管理法》于 2015 年 7 月正式生效，协调了空间规划与基础设施发展、部门规划之间的关系。乡村发展和土地改革部负责保证该法得到有效实施。该法涉及国家土地利用管理、土地开发政策和城市规划等问题，明确了规划管理程序、土地用途诊断、规划标准、图纸绘制和报告编写方法，也明确了空间规划和土地利用管理的监测与评价方法等。

制定长远的空间发展愿景和规划主要是为了解决一直以来的空间发展不平衡问题。市级政府机构负责制定空间规划的实施条款和资金使用策略。经批准的土地利用计划具有法律约束力，市域范围内所有的土地所有者和使用者（包括市政府机构、国有企业和国家分支机构）都受到土地利用计划的约束。

所有的市政府必须成立规划委员会来负责规划和项目审批，市议会负责处理相关审批的复议。规划委员会是由具有空间规划、土地利用管理和土地开发等相关经验的市政官员组成。

实施效果：

空间规划类别包括综合发展规划、空间发展框架和土地利用计划。空间发展框架由国家、省和市各级政府经相互协商（纵向一体化）后制定并审批通过，以土地利用计划为基础来指导空间规划、土地利用管理和土地开发。

空间发展框架必须对公共和私人基础设施建设与土地开发投资的时序、组织、实施作出明确安排。空间发展框架成果需经受公众咨询，并需要市议会批准。该框架一经在政府公报上公布，即具有法律效力。

市级空间发展框架是由议会和各行政部门共同制定的，它明确了城市空间结构，即发展轴线、活动中心和经济节点，政府和私人投资应优先考虑这些区域。市级土地利用计划应当覆盖全域，作为区划和管控的工具。规划中特别强调了在居住用地开发的过程中，需要提供一定比例的经济适用房。区域空间发展框架是在与有关的市议会协商后制定的，需要与环境立法保持一致，并为指定区域的空间规划、土地开发和土地利用管理提供基本指导方针。

主要方法：

为了保障规划在服务经济增长、社会公平和土地开发的同时尽量减少对环境的影响，土地利用计划的编制必须遵循环境保护的相关法律。同样，为保障开发项目的进行，土地利用计划也需要与基础设施规划和建设相协调。

该法明确了土地用途（功能）的类型，包括农业、金融、商业、社区服务、教育、行政、工业、办公、采矿、公共服务、娱乐、住宅和交通等。

贡献和影响：

该法明确了南非的空间规划和土地利用管理制度，为纠正过去空间开发的不均衡、提升经济社会包容性奠定了法律基础。

局限、反思和经验教训：

该法在行政管理方面行之有效，但在技术方面仍存在不足。在该法案的指导下，创造经济增长被视为首要任务，空间规划更关注人口布局而非土地利用布局。

该法强调了规划权力的下放，但是地方政府机构由于缺乏相关专业技术人员，在规划编制和审批时面临很多困难。

该法授予了规划部门较大权力，因此在实施时可能导致规划的公平性遭受政治利益的破坏。

如前面所述，该法要求空间规划的编制与审批必须符合环境保护和基础设施规划的相关要求，这可能导致空间规划逐渐成为项目规划，并越来越趋近于基础设施规划，这在某种程度上影响到空间规划的客观性与科学性。

（来源：Okeke，2015）

B6　阿根廷土地使用规划

政策：

《国家环境政策法》（2002年）（Law on National Environmental Policy）❶

最佳实践标准：

上下联动；在地方、区域、国家层面上建立高效衔接机构；多部门协调（横向协同）；建立一套适用于不同空间尺度的规划程序；明确的目标；具有法律约束力的土地使用规划；以可持续发展为目标，实现社会、经济、环境发展的平衡；其他辅助性原则。

关注点：

《国家环境政策法》将环境型土地使用规划❷列为环境政策和管理

---

❶ 阿根廷是联邦国家。1994年修订的《阿根廷联邦宪法》规定了环境保护的一般原则，并授权联邦政府确定最低保护标准，联邦政府以一系列法律、法规的形式明确了保护标准，包括本书提到的《国家环境政策法》。各省可以发布自己的特定法规，以反映联邦一级确定的最低标准。联邦当局监管的某些活动（例如，能源、石油和天然气的开发）也受环境和自然资源保护方面特定法规的约束。一般来说，各省颁布的法规遵循联邦法规，某些地区会根据实际情况提高保护标准。在联邦层面，环境保护的职能由环境与可持续发展部履行，在省级层面则由对应的主管部门如环境委员会履行。——译者注

❷ 在西班牙语中它被称为"ordenamiento ambiental del territorio"，其他语言翻译中被称为"环境区域规划"，在墨西哥语中被称为"ordenamiento territorial ecológico"。

的工具之一 ❶。该法规定了实施环境政策的原则和指导方针，要求国家环境政策明确以下几个方面的内容：保护、培育和改善自然与人文环境资源的质量，促进对自然资源的合理与可持续利用，保持生态系统的平衡与活力，确保对生物多样性的保护，组织和整合环境信息，确保公众可自由获取环境信息，为在区域和国家层面上实施环境政策建立联邦协调制度，建立治理环境污染的程序与机制。

背景（社会政治和法律背景）：

在阿根廷，土地利用方面的考量一直是从城市的角度出发，关注生态保护、自然景观、社会经济方面的因素，以及与自然资源利用相关的因素，而很少关注到城乡一体化规划的需要。随着各省政治议程和工作重点的变化，土地利用方面的法律、法规也一直在不断修订，从最开始只是简单地对私有财产发展权进行限制，到 20 世纪 90 年代末引入了更加成熟的城市和环境规划程序。

在 20 世纪 60 年代，阿根廷的土地利用管制几乎完全局限于城市地区，没有在乡村地区建立相应的土地利用管制制度，也没有将环境问题纳入规划体系中。在规划完全以城市为中心的背景下，社会广泛接受了通过管制私人财产权来更多地实现公共利益目标（如改善公共设施、街道特色或环境质量）。而在乡村地区和农民眼里私有财产具有极高的重要性，因此与城市地区的观点截然不同，农民很难接受土地利用方面的相关法规，因为这些法规不仅直接造成了土地生产力的降低，也没有明显的经济回报。

1994 年，阿根廷对宪法进行了改革，除了对现有的内容进行修订外，还增加了环境健康权的内容（第 41 条）。2002 年制定的《国家环

---

❶ 其他重要的政策工具有：环境影响评价、人为活动环境控制系统、环境教育、环境诊断和信息系统，以及可持续发展的经济促进制度。

境政策法》特别要求在阿根廷全域实施土地使用规划。《阿根廷联邦宪法》《国家环境政策法》以及与土地利用相关的省级法律，都为阿根廷制定合理的、可行的、综合的土地使用规划法律与制度提供了坚实的法律基础。

实施情况：

《国家环境政策法》整合了联邦环境管理系统，以协调不同层级政府之间的环境政策和可持续发展决策。《国家环境政策法》中第9条规定了规划实施的程序，要求全国环境规划通过协调直辖市与省及首都布宜诺斯艾利斯市 ❶ 与国家联邦之间的关系（即上下联动），来组织国土的综合功能与结构。这种协调通过联邦环境委员会来实现。联邦环境委员会需要协调社会中不同团体之间的利益，以及这些社会团体和公共管理部门之间的利益。

环境规划的实施需要考虑一系列因素，包括政治、自然、社会、技术、经济、法律和生态，相应地也需要结合地方、区域和国家实际。此外，规划必须确保充分利用自然资源的生态环境价值，使得不同生态系统的生产与利用达到最大化，同时尽量减少资源的退化和滥用，并促进公众参与到与可持续发展相关的所有基本决策中。

主要方法：

阿根廷所采取的规划方法是中央集权式的。作为跨联邦机构，联邦环境委员会负责各省环境保护机构和联邦环境部门之间的协调工作，但其缺乏管理实权，必须依靠各省行政部门或联邦秘书处来执行。土地使用规划关注不同类型的人类活动和居民点的发展，需要考虑以下几类因素：一是每个地区或区域的特征，可利用的自然资源，以及生态、经济和社会方面可持续能力；二是人口的分布及其特点；三是不同生物群落

---

❶ 布宜诺斯艾利斯市在1994年宪法改革后获得完全自治，使首都享有与阿根廷其他省同等的地位。

的性质和特质；四是由于人类定居、经济发展及其他人类活动或自然现象而导致的自然生物群落的变化；五是对重要生态系统的保护。

城市环境规划和省级土地使用规划要求公众应参与到规划中，这些规划也旨在促进政府机构之间的横向整合。布宜诺斯艾利斯等地将土地利用区划作为土地用途管制的基础。市政府制定的地方规划需要所在省的批准后才能实施（即纵向一体化）。在规划编制过程中，各城市政府需要将邻里区域的发展问题作为规划的重要内容统筹考虑。

贡献和影响：

《国家环境政策法》使环境型土地使用规划成为环境政策的重要工具之一。该法在国家层面制定了可持续土地利用的底线。换言之，它是一个最低标准或"环境门槛法"，其规定的土地利用政策和规划政策已成为各省市共同执行的国家环境标准或要求。该法为未来国家土地利用最低标准的制定提供了强有力的法律依据，其中包含了指导土地使用规划制定和实施的详细要求，也要求省市政府必须制定相应的省级或地方规划，且在开发管理方面应符合国家最低标准要求。

局限、反思和经验教训：

迄今为止，阿根廷的规划法实际上只是城市发展相关行政法规的一部分，主要涉及土地区划、建设密度管理和土地用途审批等问题。此外，的确存在土地利用有法不依、执法不严的情况，部分原因在于城市发展的决策者以往并没有认识到法律的约束性与严肃性。

明确私人产权与公共利益之间的界线，仍然是土地使用规划能否成功实施和执行的关键所在。在城市地区的土地开发利用，由于需要保障基础设施建设、提升人居环境质量等公共利益，规划管控被普遍认为是限制私营企业肆无忌惮发展的必要手段。在城市的发展过程中，有序的建设和合理的土地利用管制所产生的利益是实实在在的，所创造的社会效益远远超过所付出的执法成本。

土地利用管制的效果在农村地区似乎不那么明显，部分原因在于农村地区实施的众多土地利用管制仅涉及保护公共的或无形的资源（如保护生物多样性、保护生态系统服务能力、保护水质等）。虽然生态系统所产生的效益被广泛认可，但对于受到规划法规严格管制的土地所有者而言，生态效益并不能直接转化为经济价值。因此，农村土地拥有者不愿意遵守土地利用管制中的限制措施，因为其除了能让他们享受到良好的环境外没有任何其他好处，还直接造成了土地生产力的降低。

政策制定者所面临的一个重大挑战是缩小城市与农村地区之间土地开发利用的差距，并将两者与保护立法相结合。土地使用和规划政策的设计与实施是一项综合性的工作，需要对城市和乡村的规划以及环境保护方面的管制体系进行整合。国家和地方应采取行之有效的法律和经济手段，以便成功地实施这项综合性的土地利用制度。由于私有财产具有极高重要性的观念在乡村地区根深蒂固，因此需要通过教育来引导广泛的思想转变，以便将空间规划的需求转化为合法的、民众公认的公共政策目标。如果《国家环境政策法》在联邦政府和省级行政部门中得到全面执行，其影响将是深远的。另外，应该在所有行政区推进土地使用规划与环境影响评估相结合的改革，这将为公共部门的基础设施建设和私营部门的投资决策提供总体方向和具体指导建议。

（来源：Walsh，2006）

B7 墨西哥土地使用规划——国家层面

政策：

《生态安全与环境保护法》（1987 年）（西班牙语：Ley General del Equilibrio Ecológico y Protección al Ambiente，简称 LGEEPA）

最佳实践准则：

纵向一体化；地方、区域和国家政府机构之间的有效衔接；多部门协调（横向一体化）；适用于不同空间尺度的规划程序；明确的目标；强调土地使用规划的法律约束力；以可持续发展为目标，实现社会、经济、环境发展的平衡；多利益主体参与（促进公众参与，特别强调女性和原住民社区的参与）。

关注点：

墨西哥的土地使用规划是依据社会发展与环境保护政策制定的。《墨西哥联邦宪法》中第 27 条和《生态安全与环境保护法》要求各级政府制定生态区划，法律将生态区划定义为："旨在明确土地用途和管理生产活动的环境政策工具，通过对自然资源退化趋势和潜在用途的分析，来实现保护环境并促进自然资源可持续利用的目标"。

墨西哥国家发展规划是通过加强环境文化建设和对自然资源的可持续利用，来实现社会发展与自然环境相协调的目标。这就需要为城市和乡村的发展，以及地方、区域和国家的发展制定相应的生态区划。

背景（社会政治与法律背景）：

墨西哥的两项法律，即《生态安全与环境保护法》（1987 年）和《人居环境法》（1993 年），推动了墨西哥土地使用规划的进程。《墨西哥联邦宪法》中第 27 条确保了国会有权制定必要的措施，来统筹管理居住区发展以及保障足够的土地、森林和水等自然资源的储备，它为联邦和州级管辖权在环境保护问题上具有同等效力奠定了法律基础。同时，《墨西哥联邦宪法》明确了所有公民有权享有舒适的环境，来保障个人的发展和生活的福利。《生态安全与环境保护法》是依据《墨西哥联邦宪法》第 27 条所制定的，它对环境规划、国土生态管理和自然资源的可持续利用等方面作出了明确规定，指定墨西哥的环境与自然资源部（Secretaría de Medio Ambiente y Recursos Naturales，简称 SEMARNAT）作为墨西哥全国综合生态型土地使用规划编制的责任主体。该规划的编制对所有利益相关者的参与有强制性要求（Hernández-

Santana 等，2013 年）。同时，根据《人居环境法》，城市区划是通过一系列联邦、州和城市层面的规划与项目来实施的，如城市发展规划和都市圈规划。

土地产权的界定是墨西哥土地使用规划中的重要内容，《墨西哥联邦宪法》和《土地法》规定了两种形式的土地所有权：①私人所有；②社会或集体所共有，包括合作农场❶（西班牙语：ejidos）和公社（西班牙语：comunidades）所有。虽然合作农场或公社拥有一定的自治权，但他们也必须遵守包括《生态安全与环境保护法》以及《人居环境法》《森林法》和《乡村可持续发展法》等在内的联邦法律。《乡村可持续发展法》不仅适用于乡村和偏远地区的生产公社，也同样适用于不同层级的政府部门。该法律规定合作农场和公社的行为必须符合保护环境的要求，同时要尽可能预防和减少对生物多样性以及自然资源的影响。在与各地区和各市政府达成协议的基础上，该法规定了各州有责任制定乡村可持续发展规划，并且该规划由联邦政府和有关部门联合实施。

墨西哥土地使用规划的实施采用分权式，涉及两个主要协调机构：环境与自然资源部（负责实施《生态安全与环境保护法》中指定的国家、区域和地方的生态区划）和社会发展部（负责实施城市区划）。《生态安全与环境保护法》要求规划过程中加强公众参与，环境与自然资源部进一步明确社会团体、土地所有者、地方政府、原住民和其他社会公共或私人组织应参与到生态区划的编制中。

实施情况：

墨西哥的生态型土地使用规划包含了国家、区域和地方三个层面的生态区划。生态区划可分为四种类型：全国总体生态区划、区域生态区划、地方生态区划和海洋生态区划。环境与自然资源部负责在国家民主

---

❶ 农村土地和农民的村级管理机构。

计划体系❶的框架内制定全国总体生态区划,并负责多部门协调的工作;而社会发展部则负责编制城市区划;都市圈区划包含了两个或多个相邻的城市,这些城市由于地理、经济等因素形成的一体化发展的都市圈,都市圈区划由社会发展部领导的都市圈委员会来实施和监督,该规划在协调都市圈中各市州的规划和管理方面发挥了重要作用。都市圈区划一经都市圈委员会的批准,区域内的各城市必须共同实施。在必要时,联邦政府、都市圈委员会和市政府会通力合作,为城市发展和住房建设实施土地储备。

主要方法:

全国总体生态区划: 由环境与自然资源部负责,主要考虑两方面的内容:一是考虑现有自然资源的特征、可用性和需求,促进生产活动集中在特定地区内明确的居民点空间范围;二是生态区划必须考虑自然资源保护和修复、可持续开发和利用的生态战略与指导方针。从规划的成果内容上来看应当包括:①对土地系统现状的系统性描述;②对土地系统的综合评估;③土地利用需求和发展预测(公众参与讨论);④提出全国生态区划的结构;⑤规划的实施等(Hernández-Santana 等,2013)。

区域生态区划: 环境与自然资源部协助州政府和联邦特区❷政府制定和颁布区域生态区划,该规划并不是全国覆盖的。区域生态区划必须遵守全国总体生态区划,除了考虑生态和环境因素外,还必须对社会、经济和政治因素进行评估,包括人口、城市发展、市州的公共服务水平以及第一、二、三产业的经济活动等。

地方生态区划: 地方生态区划是由各市或联邦特区政府颁布的,目

---

❶ 根据《墨西哥联邦宪法》中第 26 条要求,规划编制的过程和规划目标的确定必须是民主的,公众和社会各方的诉求需要反映到规划当中,即在国家民主计划体系(西班牙语:Sistema Nacional de Planeación Democrática)中进行。

❷ 墨西哥全国划分为 31 个州和 1 个联邦特区(首都墨西哥城)。——译者注

的是划分不同的生态分区，控制城市蔓延和明确土地用途，为城市地区的自然资源的可持续利用创造条件。

城市区划：联邦政府在城市区划中能发挥的作用有限，因为土地利用管理的事权主要下放给各州和市政府。社会发展部负责与其他联邦部门以及各州和市政府合作，在各自的权责范围内规范、管理和推动城市的发展。此外，社会发展部还与各州及市政府共同制定了《基于人居环境和城镇发展的国家发展区划》（Wong-González，2009），这是国家民主计划体系的一部分。该规划制定了一揽子部门政策，旨在推进实现国家、州和市级规划中提出的发展目标（见图 B-5）。

贡献和影响：

自《生态安全与环境保护法》实施以来，墨西哥各州都通过了与环境问题相关的环境法，涉及生态、城市发展、土地细分、水质治理、城市规划、公共卫生、公共管理、交通、居住区规划和市政工程等问题。其中，有若干州已经出台了相关的规章制度，来配合这些环境法的实施。与此同时，墨西哥的市级法规也相对全面，并且主要城市已经开始制定本市的城市生态条例。

局限、反思和经验教训：

尽管联邦、州和地方各级政府在建立土地使用规划和自然资源管理的法律框架上都取得了进展，但社会发展部的规划（如城市区划）和环境与自然资源部的规划（如生态区划）之间缺乏衔接（Pavon and Gonzalez，2006）。

在区域和地方层面，生态区划的管理已经取得了不错的成效，但国家层面生态区划并没有发挥预期作用。截止到2013年，墨西哥针对区域、地方层面以及海洋地区已经颁布了64项生态区划管理条例，其中一些适用于海洋区域，大部分目前正处于实施阶段（Hernández-Santana 等，2013）。

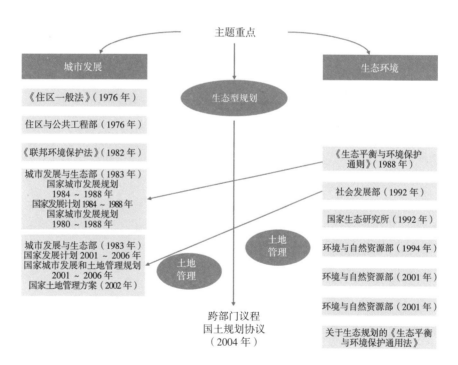

注: SEMARNAT 为环境与自然资源部, SEDESL 为社会发展部, LGAH 为《人居环境法》,
LGEEPA 为《生态安全与环境保护法》, POET 为土地生态系统, PEOTs 为国家领土管理方案

图 B-5 墨西哥土地使用规划编制的方法

(来源: Wong-González, 2009)

Pavon 和 Gonzalez（2006）认为社会发展部和环境与自然资源部之间需要加强各自规划的衔接合作，以便在提升居民的生活质量和改善自然环境方面取得更好的效果。为此，这两个机构应该做到以下几点：一是建立全国统一的数据库，数据库内应包含每个地区所有的自然资源和经济资源信息；二是制定兼顾环境法律保护政策和社会经济发展政策的土地使用规划管理规章；三是将城市和乡村、私有土地和公有土地统筹考虑，以实现合理的城市空间扩张；四是加快清理在自然保护区范围内的违法建设。

在农村地区，土地利用管制带来的益处并不直观，虽然人们在环境保护的重要性方面达成了共识，但如果农村土地所有者没有看到实际的经济利益，他们将不愿意承担因土地利用管制而造成的附加成本。

显而易见，联邦政府、各州和市政府应该强化《人居环境法》和《生态安全与环境保护法》的贯彻实施，以保证土地使用规划可以兼顾环境保护与社会经济发展。但上述目标并未实现，因为生态保护与经济社会发展之间的协调不仅需要立法支撑，也需要相应的财政和技术支撑，这是有待改善的地方。此外，需要加强在土地使用规划方面对公众和私人投资的管理，并通过财税制度来激励公众对自然资源进行保护。

（来源：Pavon and Gonzalez，2006；Cooperation，2003）

B8 新加坡土地使用规划——国家层面
政策：
《新加坡 2011 年版概念规划》❶

---

❶ 新加坡的发展规划采用二级体系，分别是战略性的概念规划（concept plan）和实施性的总体规划（master plan）。国家层面的概念规划旨在明确中长期国家土地利用和交通体系等宏观发展议题，每 10～20 年编制一次，展望 30～50 年的发展愿景：一方面考虑为国家发展持续提供充足的土地资源，另一方面强调生态保护和国民能够享受到高品质的生活环境，截止到目前，已经出台了 1971、1991、2001、2011 年四版全国概念规划；而总体规划每 5 年更新一次，为未来 10～15 年每一块待开发土地的用途和发展参数等作具体安排。——译者注

最佳实践准则：

上下联动；地方、区域和国家政府机构之间的有效衔接；多部门协调（横向协同）；适用于不同空间尺度的规划程序；明确的目标；土地使用规划的法律约束力；以可持续发展为目标，实现社会、经济、环境发展的平衡；注重利益相关方的公众参与机制；因地制宜；衔接土地使用规划和自然保护法；土地使用规划重视前瞻性。

关注点：

《新加坡 2011 年版概念规划》（后简称"概念规划"）提出了明确的发展战略，以确保至 2030 年新加坡有能力为 650 万～690 万人口提供高质量的生活环境。同时，规划还提出应储备部分土地至 2030 年以后再做开发，为新加坡未来留有足够的发展空间。

为了维持高质量的人居环境，规划中提出的战略包括：一是将绿色生态资源融入生活环境中，二是通过加强综合交通建设以提升交通运输能力，三是保障经济活力并创造更多的就业机会，四是确保未来有足够的发展空间和良好的生活环境。

背景（社会政治和法律背景）：

新加坡稀缺的土地资源使得土地使用规划十分重要，而该概念规划正是指导新加坡未来 40～50 年发展的战略性土地使用与交通发展规划。该规划每 10 年修订一次，确保在提供一个良好生活环境的同时，仍有足够的土地来满足人口与经济长期增长的需要。

第一轮概念规划是 1971 年制定的，该规划通过新建城镇、交通基础设施及休闲娱乐设施来提高公众的生活质量，为新加坡的发展奠定了坚实的基础，规划还确定了需要保护的生态敏感区范围，并预测了未来交通、通信等基础设施的用地需求。1991 年和 2001 年，考虑到国内形势及全球发展趋势的变化，新加坡对概念规划分别进行了两次修订，以确保它仍然能够面对未来的挑战。

公众咨询是概念规划过程中的重要组成部分，与利益相关者和广大公众的协商过程可以帮助决策者更好地了解他们的诉求，然后将其纳入到未来的规划中。概念规划的评估主要依托公众意见调查、专题小组讨论和公开座谈等方式来展开。

实施情况：

新加坡通过强有力的跨行政部门合作推动了各类规划的实施。例如，国家发展部通过城市重建局对概念规划的实施进行统筹协调；城市重建局和国家公园局共同制定的公园和水域规划❶，对新加坡公园和水域的保护开发进行了全面指导。

主要方法：

概念规划和总体规划为新加坡可持续发展提供了一个综合性、前瞻性和总体性的规划框架（见图 B-6）。

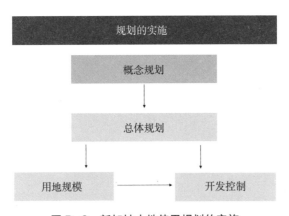

图 B-6　新加坡土地使用规划的实施

概念规划的重点是优化工业、商业和居住等用地，通过概念规划，

---

❶ 新加坡在总体规划层面下会设置详细规划，实施开发控制。详细规划的内容包含了公园和水域、居住区规划，以及建筑高度控制、城市设计等方面内容。——译者注

政府一方面以填海工程来获得更多的土地资源，另一方面对存量土地的利用进行优化利用。而总体规划是指导新加坡 10 ~ 15 年发展的法定土地使用规划，每 5 年修订一次。该规划将概念规划的长期战略转化为引导土地和地产发展的详细计划，并明确了新加坡的土地用途和开发强度。

贡献和影响：

概念规划在协调住房、工业、商业、公园、游憩、公共服务设施、交通运输和抗震防灾等各类土地利用需求方面发挥了至关重要的作用。例如，新加坡在各级各类规划的指导下，通过衔接主要的公园和自然区域，建设了一个总长度达 360km 的生态绿网，让居民能够充分享受到岛上自然风光。在修订概念规划时，应该与相关的政府机构共同商讨以明确重要用地类型的需求。

局限、反思和经验教训：

在新加坡，虽然自然生态区域保护和未来开发建设之间的紧张关系仍然存在，但政府通过提升环境治理能力，达成发展共识，成功实现了污染减少、环境改善，在狭小的国土上实现了全体国民生活质量的全面提高。

新加坡政府作出相当大的努力，让公众参与到概念规划的研究讨论以及总体规划的修订之中。尽管如此，公众的参与效果仍然有提升空间，因为最终的规划成果仍是由政府单独制定的，决策过程中其他群体的参与可以进一步深化。

在各规划机构密切合作的推动下，2011 年版总体规划提出了确保新加坡国民能够继续享受高品质生活环境的规划战略目标。为此，政府加大了在规划研究领域的投入，并对创新型城市发展路径给予制度和财政方面的支持。

（来源：Lye，2006；Authority，2016；OECD，2013）

B9 印度尼西亚空间规划——国家层面

政策：

《空间规划法》（2007 年第 26 号法令）

最佳实践准则：

纵向一体化；地方、区域和国家政府机构之间的有效衔接；多部门协调（横向协同）；适用于不同空间尺度的规划程序；利益相关者的参与；法定土地使用规划；涉及空间和场所营造的土地使用规划；规划的问责机制。

关注点：

在印度尼西亚，空间规划由规划编制、规划实施和规划管控共同构成。《空间规划法》中对于国家、省级和地方层面如何开展空间规划工作作出了具体安排。

背景（社会政治背景和法律背景）：

《空间规划法》（1992 年第 24 号法令）为印度尼西亚的空间规划奠定了最早的法律基础，在权力下放和城市化进程加速等因素的影响下，该法于 2007 年进行了修订，形成了《空间规划法》（2007 年第 26 号法令）。在法案修订过程中，如何应对快速城市化被认为是最紧迫的议题。因此，《空间规划法》包含了交通规划、绿地规划以及与非正规部门发展的相关议题（主要存在于城市层面空间规划中，在省级空间规划中不强制要求此项内容）。

《空间规划法》明确规定了省级政府和地方政府在空间规划方面的权力。省级政府和地方政府可根据地方实际情况与需求，在空间规划中增设或补充上位规划没有的内容。各级空间规划是各级领导人进行空间治理的依据和指导方针。该法中涵盖的内容非常丰富，以下举几项进行说明：首先，法案中包含了一项问责机制，确定空间规划的基本职责是确保印度尼西亚人民均能够获得符合最低标准的基本公共服务；二是该法中明文规定，规划条例、规划许可、奖惩和激励措施是加强开发控制的重要手段，其中奖惩和激励措施一般由上级政府对下级政府实施，如中央政府对地方政府施行，或地方政府对社区施行；三是该法中明确了公众参与在空间规划中的重要性，并对公众参与规划的权利、义务以及参与的形式进行了规范和引导；四是该法中在土地利用方面设定了若干控制性指标，如要求至少30%的城市空间应被规划为公共开放空间（城市公园、绿道、公共墓地等），在江河流经而形成的流域范围内应保留不少于30%的森林。

实施情况：

现行的《空间规划法》（2007年第26号法令）的规划期限是20年，每5年修订一次；负责起草的机构是国家空间规划协调委员会（由经济发展部统筹部长领导），公共工程部的空间规划委员会负责执行规划。

主要方法：

印度尼西亚空间规划体系如图B-7所示，空间规划和社会经济发展规划❶必须在各实施层面（国家、省、地区）相互协调。如果一个省级或地区层面的空间规划先于社会经济发展规划制定，那么前者将会是后者制定的依据。

贡献和影响：

Rukmana（2015）在苏哈托的"新秩序"政权结束后，对印度尼西亚空间规划的变化和转型进行了分析，归纳出空间规划在新形势下面临的影响：印度尼西亚已从独裁统治体制转变为更加民主的政治体系；政府变得更加透明和负责；治理体制变得更具参与性；法制体系逐步建立，

---

❶ 在印度尼西亚，每级政府有权依据《国家发展规划体系法》编制社会经济发展规划，依据《空间规划法》编制空间规划。——译者注

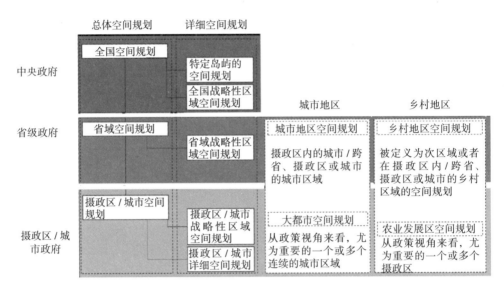

图 B-7 印度尼西亚空间规划的层级、职责和内在联系示意

总统在空间规划中滥用权力的情况将不复出现。

局限、反思和经验教训：

如前文所述，《空间规划法》中要求地方政府需确保至少 30% 的城市空间作为公共开放空间，但对于地方政府而言，此项规定的实施收效甚微。20 世纪 70 年代，雅加达绿地占比为 40% ~ 50%，但此后一直在减少，据统计，2009 年雅加达绿地占城市空间比例仅 9.3%（Rukmana，2015）。

虽然《空间规划法》明确规定了对违反空间规划的行为该如何处罚，但在雅加达大都市区，空间规划的作用在城市管理的实际过程中往往被忽视，因此政府很少对占用绿地的行为实施处罚。同时，大部分印度尼西亚城市的规划部门缺少专门的规划督察员，因此空间规划的实施力度较弱。为改善这种情况，中央政府应为基层政府官员提供空间规划监督的技术、法律培训和行政经费预算，强化各层面的规划实施和监督机制。

　　以下列出了《空间规划法》所面对的一些风险困境和政治驱动因素（见表 B9-1）。

印度尼西亚《空间规划法》的风险困境和政治驱动因素　　　表 B9-1

风险困境	为增加地方财政收入，地方政府利用上级政府下放的权力进行大量的自然资源开发； 地方政府无法高效、有效地管理资源，无法满足公民的基本需求，无法改善公共服务水平； 相较于实施空间规划，地方政府更倾向于扩大经济增长和就业机会； 对违反空间规划的行为处罚力度不足； 对于中央政府直接管辖的城市／地区，地方政府无法实施空间规划； 最基层的政府工作人员在规划实施监督方面缺乏技术、法律以及经费支持
政治驱动因素	受到"新秩序"政权的影响，国内集权和专制统治的政治氛围较强； 印度尼西亚长久以来庇护主义治理文化的影响 ❶

（来源：Rukmana，2015；日本国土交通省，未注明发布日期）

---

❶　庇护主义是指具有较高社会经济地位的庇护者运用自己的影响力和资源向社会经济地位较低的被庇护者提供保护和利益。——译者注

附录 C 可持续发展目标与愿景

可持续发展目标（Sustainable Development Goals，简称 SDGs）是联合国国际发展的一系列目标，这些目标于 2015 年底取代了曾经的"千年发展目标"（Millennium Development Goals，2000）。这些目标将从 2016 年一直持续到 2030 年，共有 169 项。本附录部分摘选了可持续发展目标中的部分内容，其直接或间接地论述了土地使用规划如何促进这些目标的实现（见表 C-1）。

可持续发展目标摘录 表 C-1

目标	目标的具体内容及评价指标
11	目标 11.3　到 2030 年，在所有国家加强包容和可持续的城市建设，加强参与性、综合性、可持续的人类住区规划和管理能力。 　评价指标 11.3.2 社会大众能够直接参与城市规划和管理程序的城市占全球城市数量的比重
	目标 11.a　通过加强国家和区域发展规划，支持在城市、近郊和乡村地区之间建立积极的经济、社会和环境联系； 　评价指标 11.a.1　符合下列要求的城市中的常住人口占全球城市总人口的比重：在城市和区域发展规划中统筹考虑人口预测和资源利用需求之间的关系，并以此作为政策制定和规划实施的依据
13	目标 13.2　将气候变化的措施纳入国家政策、战略和规划中； 　评价指标 13.2.1　符合下列要求的国家占全球国家的比重：通过制定或实施综合的政策、战略或发展计划，来提高本国适应气候变化负面影响的能力，并在不威胁本国粮食安全的前提下，提升气候适应韧性以及减少温室气体排放
	目标 13.b　强化最不发达国家和发展中的群岛国家建立增强治理能力的提升，帮助其进行与气候变化有关的有效规划和管理，包括重点关注妇女、青年、地方社区和边缘化社区；

续表

目标	目标的具体内容及评价指标
13	评价指标 13.b.1　在最不发达国家和发展中群岛国家中，有多少比例能够获得专门的政策支持，以实现有效的气候适应性规划和城市管理，包括金融、技术、能力建设等方面的内容
15	目标 15.9　到 2020 年，把生态系统和生物多样性价值观纳入国家和地方规划、发展进程、减贫战略和财政核算中
17	目标 17.15　尊重每个国家制定和执行消除贫困与可持续发展政策的政策空间和领导作用； 评价指标 17.5.1　通过提供发展协作，明确全国普适性成果框架和规划工具的使用程度
1	目标 1.5　到 2030 年，增强穷人和弱势群体的抵御灾害能力，降低其遭受极端天气事件和其他经济、社会、环境冲击与灾害的概率和易受影响程度
2	2.3　到 2030 年，实现农业生产力翻倍，小规模粮食生产者，特别是妇女、本土居民、农户、牧民和渔民的收入翻番，具体做法包括确保平等获得土地、其他生产资源和要素、知识、金融服务、市场以及增值和非农就业机会 2.4　到 2030 年，确保建立可持续粮食生产体系并执行具有抗灾能力的农作方法，以提高生产力和产量，帮助维护生态系统，加强适应气候变化、极端天气、干旱、洪涝和其他灾害的能力，逐步改善土地和土壤质量 2.a　通过加强国际合作等方式，增加对农村基础设施、农业研究和推广服务、技术研发、植物和牲畜基因库的投资，以增强发展中国家，特别是最不发达国家的农业生产能力
3	3.9　到 2030 年，大幅度减少危险化学品以及空气、水、土壤污染导致的死亡和患病人数
5	5.5　确保妇女全面有效参与各级政治、经济和公共生活的决策，并享有进入以上各级决策领导层的平等机会
6	6.4　到 2030 年，所有行业大幅度提高用水效率，确保可持续取用和供应淡水，以解决缺水问题，大幅度减少缺水人数 6.5　到 2030 年，在各级政府部门进行水资源综合管理，包括酌情开展跨境合作 6.6　到 2020 年，保护和恢复与水有关的生态系统，包括山地、森林、湿地、河流、地下含水层和湖泊 6.b　支持和加强本地社会在改善水环境和处罚管理方面的参与度
9	9.1　发展高质量、可靠、可持续以及可恢复的基础设施，包括区域和跨境基础设施，以支撑经济发展和人类福利，注重人人享有可负担的和公平的机会 9.a　通过加强非洲国家、欠发达国家、内陆发展中国家和小岛屿发展中国家的财政、技术支撑，促进发展中国家的可持续和可恢复的基础设施发展

续表

目标	目标的具体内容及评价指标
10	10.b 依据国家规划和计划，对亟待发展的国家，特别是欠发达国家、非洲国家、发展中群岛国家和内陆发展中国家，鼓励包括国外直接投资在内的政府开发援助和资金流动
11	11.1 到 2030 年，确保所有人都能获得适当、安全和可负担的住房、基础服务，并促进贫民窟的改善
	11.2 到 2030 年，向所有人提供安全、负担得起、易于利用、可持续的交通运输系统，改善道路安全，特别是扩大公共交通，要特别关注处境脆弱者、妇女、儿童、残疾人和老年人的需要
	11.4 加强世界文化和自然遗产的保护
	11.5 到 2030 年，大幅度减少包括水灾在内的各种灾害造成的死亡人数和受灾人数，大幅度减少上述灾害造成的与全球 GDP 有关的直接经济损失，重点保护穷人和处境脆弱群体
	11.7 到 2030 年，向所有人，特别是妇女、儿童、老年人和残疾人，普遍提供安全、包容、无障碍、绿色的公共空间
	11.b 到 2020 年，实施综合政策与计划，大幅增加构建包容、资源使用效率高、减缓和适应气候变化、具有抵御灾害能力的城市和人类住区数量，并根据《2015—2030 年仙台减少灾害风险框架》在各级政府部门建立和实施全面的灾害风险管理
12	12.2 到 2030 年，实现自然资源的可持续管理和高效利用
	12.b 开发和利用各种工具，监测能创造就业机会、促进地方文化和产品的可持续旅游业对促进可持续发展产生的影响
13	13.1 加强各国抵御和适应气候相关的灾害与自然灾害的能力
	13.3 加强气候变化减缓、适应、减少影响和早期预警等方面的教育与宣传，加强人员和机构在此方面的能力
14	14.1 到 2025 年，预防和显著减少各种海洋污染，特别是包括海洋废弃物和营养物污染在内的各种陆地活动
	14.5 到 2020 年，基于现有最佳的科学信息，保护至少 10% 的沿海区域和海洋区域，与国内法和国际法保持一致
	14.7 到 2030 年，通过海洋资源的可持续利用，通过包括通过渔业、水产养殖和旅游业的可持续管理，增加发展中群岛国家和欠发达国家的经济收益
15	15.1 到 2020 年，根据国际合约规定的义务，确保陆地和内陆淡水系统及其相关服务系统的保护、恢复与可持续利用，特别是森林、湿地、山体和旱地
	15.2 到 2020 年，促进全球森林保护、防止森林砍伐、恢复退化森林、显著增加造林和在造林的可持续管理的实现

续表

目标	目标的具体内容及评价指标
15	15.3 到 2030 年，防治荒漠化，恢复退化的土地和土壤，包括受荒漠化、干旱和洪涝影响的土地，努力建立一个不再出现土地退化的世界
	15.4 到 2030 年，保护山体生态系统，包括保护其生物多样性以加强山地生态系统服务，这对于可持续发展是十分必要的
	15.5 采取紧急和重大行动来减少自然栖息地的退化，遏制生物多样性的丧失，至 2020 年，保护受威胁物种，并防止其灭绝
16	16.7 确保各级政府部门的决策反应迅速，具有包容性、参与性和代表性
17	17.14 加强可持续发展政策的一致性

注：表格中绿灰色为直接论述，其他为间接论述。

参考文献

[1] Adams, V. M., Pressey, R. L. & Stoeckl, N. (2014). Navigating trade-offs in land-use planning: integrating human well-being into objective setting. *Ecology and Society*, 19.

[2] Agrell, P. J., Stam, A., & Fischer, G. W. (2004). Interactive multiobjective agro-ecological land use planning: The Bungoma region in Kenya. *European Journal of Operational Research*, *158*, 194–217.

[3] Ahmadi, A., Karamouz, M., Moridi, A., & Han, D. (2012). Integrated planning of land use and water allocation on a watershed scale considering social and water quality issues. *Journal of Water Resources Planning and Management-Asce*, *138*, 671–681.

[4] Akhtar-Schuster, M., Stringer, L. C., Erlewein, A., Metternicht, G., Minelli, S., Safriel, U., et al. (2017). Unpacking the concept of land degradation neutrality and addressing its operation through the Rio conventions. *Journal of environmental management*, *195*, 4–15.

[5] Alexander, S., Aronson, J., Whaley, O. & Lamb, D. (2016). The relationship between ecological restoration and the ecosystem services concept. *Ecology and Society*, 21.

[6] Australia, G. O. W. (2008). Environmental guidance for planning and development. *Guidance Statement No. 33*.

[7] Australia, S. O. W. (2011). *Directions paper on the integration of natural resource management into land use planning*. Perth, Western Australia: Western Australian Planning Commission.

[8] Australia, S. O. W. (2013). *Review of the Planning and Development Act 2005*. WA: Perth.

[9] Authority, U. R. 2016. *Introduction to concept plan*. Singapore: Singapore Government. Retrieved August 26, 2016, from https: //www.ura.gov.sg/uol/concept-plan.aspx?p1=View-Concept-Plan

[10] Barral, M. P., & Oscar, M. N. (2012). Land-use planning based on

ecosystem service assessment: A case study in the Southeast Pampas of Argentina. *Agriculture, Ecosystems & Environment, 154*, 34–43.

[11] Berkes, F. (2009). Evolution of co-management: role of knowledge generation, bridging organizations and social learning. *Journal of environmental management, 90*, 1692–1702.

[12] Bourgoin, J., & Castella, J. C. (2011). "PLUP FICTION": Landscape simulation for participatory land use planning in Northern Lao PDR. *Mountain Research and Development, 31*, 78–88.

[13] Bourgoin, J., Castella, J. C., Hett, C., Lestrelin, G. & Heinimann, A. (2013). Engaging local communities in low emissions land-use planning: a case study from Laos. *Ecology and Society*, 18.

[14] Bourgoin, J., Castella, J. C., Pullar, D., Lestrelin, G., & Bouahom, B. (2012). Toward a land zoning negotiation support platform: "Tips and tricks" for participatory land use planning in Laos. *Landscape and Urban Planning, 104*, 270–278.

[15] Brackhahn, B., & Kärkkäinen, R. (2001). Spatial planning as an instrument for promoting sustainable development in the Nordic countries. Action programme for 2001–2004. Copenhagen: Ministries responsible for the Environment in the five Nordic countries: Denmark, Finland, Iceland, Norway and Sweden.

[16] Brassett, J., Richardson, B., & Smith, W. (2011). *Experiments in global governance: Sustainability roundtables and the politics of deliberation.* Warwick: University of Warwick.

[17] Bryan, B. A., Crossman, N. D., King, D., & Meyer, W. S. (2011). Landscape futures analysis: Assessing the impacts of environmental targets under alternative spatial policy options and future scenarios. *Environmental Modelling & Software, 26*, 83–91.

[18] Bryan, B. A., Crossman, N. D., Nolan, M., Li, J., Navarro, J., & Connor, J. D. (2015). Land use efficiency: anticipating future demand for land-sector greenhouse gas emissions abatement and managing trade-offs with agriculture, water, and biodiversity. *Global Change Biology, 21*, 4098–4114.

[19] Bryan, B. A., Nolan, M., McKellar, L., Connor, J. D., Newth, D., Harwood, T., et al. (2016). Land-use and sustainability under intersecting global change and domestic policy scenarios: Trajectories for Australia to 2050. *Global Environmental Change, 38*, 130–152.

[20] Castella, J. C., Bourgoin, J., Lestrelin, G., & Bouahom, B. (2014). A model of the science-practice-policy interface in participatory land-use

planning: Lessons from Laos. *Landscape Ecology*, *29*, 1095–1107.

[21]   Cemat, E. C. O. M. R. F. R. P.-. (2010). Resolution No. 2 on the European Regional/Spatial Planning Charter: Torremolinos Charter. 6th Confernce of Ministers responsible for Regional Planning, 1983 Torremolinos, Spain. Strasbourg Council of Europe, 18.

[22]   Cockburn, J., Rouget, M., Slotow, R., Roberts, D., Boon, R., Douwes, E., et al. (2016). How to build science-action partnerships for local land-use planning and management: lessons from Durban, South Africa. *Ecology and Society*, *21*.

[23]   Cooperation, C. F. E. (2003). *Summary of Environmental Law in North America* [Online]. Montreal, Canada: Commission for Environmental Cooperation. Retrieved August 30, 2016, from https: //moose.cec.org/moose/lawdatabase/preface.cfm?varlan=english.

[24]   Convention on Biological Diversity (1992). *Convention on Biological Diversity*. Secretariat of the Convention on Biological Diversity, Montreal, Canada

[25]   Crossman, N. D., & Bryan, B. A. (2009). Identifying cost-effective hotspots for restoring natural capital and enhancing landscape multifunctionality. *Ecological Economics*, *68*, 654–668.

[26]   Crossman, N. D., Bryan, B. A., Ostendorf, B., & Collins, S. (2007). Systematic landscape restoration in the rural–urban fringe: meeting conservation planning and policy goals. *Biodiversity and Conservation*, *16*, 3781–3802.

[27]   Davies, J. (2016). Chapter 1.4—Enabling Governance for Sustainable Land Management A2— Chabay, Ilan. In M. Frick, & J. Helgeson (Eds.), *Land restoration*. Boston: Academic Press.

[28]   de Groot, R. (2006). Function-analysis and valuation as a tool to assess land use conflicts in planning for sustainable, multi-functional landscapes. *Landscape and Urban Planning*, *75*, 175–186.

[29]   Dictionaries, O. (n/d.). *English Dictionary, Thesaurus, & grammar help— Oxford Dictionaries* [Online]. Oxford University Press. Retrieved September 18, 2016, from Available: https: //en. oxforddictionaries.com/.

[30]   Dodd, M. B., Thorrold, B. S., Quinn, J. M., Parminter, T. G., & Wedderburn, M. E. (2008). Improving the economic and environmental performance of a New Zealand hill country farm catchment: 2. Forecasting and planning land-use change. *New Zealand Journal of Agricultural Research*, *51*, 143–153.

[31]   EEA, E. E. A. (2006). Urban sprawl in Europe, the ignored challenge. *EEA Report, No 10/2006.* Copenhagen, Denmark.

[32]   Environment, S. O. N. S. W. A. D. O. P. A. (2012). Strategic regional land use policy. In Environment, D. O. P. A. (Ed.), Sydney, Australia: State of New South Wales and Department of Planning and Environment.

[33]   Erb, K.-H., Luyssaert, S., Meyfroidt, P., Pongratz, J., Don, A., Kloster, S., et al. (2016). Land management: data availability and process understanding for global change studies. *Global Change Biology, 23,* 512–533.

[34]   Espon, E. S. P. O. N. (2012). European Land Use Patterns: policy options and recommendations. *Part C Scientific report* Version 30 ed.: ESPON AND TECNALIA.

[35]   FAO. (1993). Guidelines for land-use planning. *Development Series,* 1, 96.

[36]   FAO. (2017). Land resource planning for sustainable land management. In L. A. W. Division (Ed.) *Working Paper 14.* Rome: FAO.

[37]   FAO & UNEP. (1999). The future of our land: facing the challenges. In FAO & UNEP (Eds.), *Guidelines for sustainable management of land resources.* Rome, Italy.

[38]   Francis, S. R., & Hamm, J. (2011). Looking forward: using scenario modeling to support regional land use planning in Northern Yukon, Canada. *Ecology and Society, 16.*

[39]   Gaaff, A., & Reinhard, S. (2012). Incorporating the value of ecological networks into cost-benefit analysis to improve spatially explicit land-use planning. *Ecological Economics, 73,* 66–74.

[40]   Galland, D. (2012). Understanding the reorientations and roles of spatial planning: The case of national planning policy in Denmark. *European Planning Studies, 20,* 1359–1392.

[41]   Galland, D., & Enermark, S. (2012). *Planning for states and Nation/States: A TransAtlantic Exploration.* Dublin.

[42]   George, H. (n/a.). An overview of land evaluation and land use planning at FAO. In FAO (ed.). Rome, Italy: FAO.

[43]   Giasson, E., de Souza, L. F. C., Levien, R., & Merten, G. H. (2005). Integrated land use planning: An integrational agronomy course at the Federal University of Rio Grande do Sul. *Revista Brasileira De Ciencia Do Solo, 29,* 995–1003.

[44]   GIZ, D. G. F. I. Z. (2012). Land use planning: Concept, tools and applications. Eschborn, Germany: Federal Ministry for Economic Cooperation and

Development（BMZ）.

[45] GIZ, D. G. F. I. Z. (n/a.) . *Conservation and sustainable use of the Selva Maya* [Online]. GIZ. Retrieved October 5, 2015, from https: //www.giz.de/ en/worldwide/13435.html.

[46] Glave, M.（2012）. Land use planning for extractive industries. In Ella, E. A. L. F. L. A.（Ed.）, *Policy brief.* Department of International Development— DFID, UK.

[47] Gosnell, H., Kline, J. D., Chrostek, G., & Duncan, J.（2011）. Is Oregon's land use planning program conserving forest and farm land? A review of the evidence. *Land Use Policy*, *28*, 185– 192.

[48] Healey, P.（1997）. *Making strategic spatial plans: Innovation in Europe*, Psychology Press.

[49] Hernández-Santana, J. R., Bollo-Manent, M., & Méndez-Linares, A. P. （2013）. General ecological planning of mexican territory: Methodological approach and main experiences. *Boletín de la Asociacion de Geógrafos Espanoles*, *63*, 33–35.

[50] Hersperger, A. M., Ioja, C., Steiner, F., & Tudor, C. A.（2015）. Comprehensive consideration of conflicts in the land-use planning process: A conceptual contribution. *Carpathian Journal of Earth and Environmental Sciences*, *10*, 5–13.

[51] Hurni, H.（1997）. Concepts of sustainable land management. *ITC Journal*, *3–4*, 210–215.

[52] Jae, H. O. N. G. K. I. M.（2011）. Linking land use planning and regulation to economic development: A literature review. *Journal of Planning Literature*, *26*, 35–47.

[53] Jason Kami, D. K., Victor, M., Fional, F., & Harold, L.（2016）. Making village land use planning work in rangelands: the experience of the sustainbale rangeland management project, Tanzania. *2016 World Bank Conference on Land and Poverty.* Washington, DC.: World Bank.

[54] Jia, K.-J., Xie, J.-Q., Zheng, W.-Y., & Cai, Y.-M.（2003）. Study on environmental impact assessment of land use planning. *China Land Science*, *3*, 003.

[55] Kaffashi, S., & Yavari, M.（2011）. Land-use planning of Minoo Island, Iran, towards sustainable land-use management. *International Journal of Sustainable Development and World Ecology*, *18*, 304–315.

[56] Kameri-Mbote, P.（2006）. Land tenure, land use, and sustainability in Kenya: Toward innovative use of property rights in wildlife management. In

N. J. Chalifour, P. Kameri-Mbote, L. Heng Lye & J. R. Nolon (Eds.), *Land use law for sustainable development (IUCN Academy of Environmental Law Research Studies)*. Cambridge: Cambridge University Press.

[57] Kaswamila, A. L., & Songorwa, A. N. (2009). Participatory land-use planning and conservation in northern Tanzania rangelands. *African Journal of Ecology*, *47*, 128–134.

[58] Kavaliauskas, P. (2008). A concept of sustainable development for regional land use planning: Lithuanian experience. *Technological and Economic Development of Economy*, *14*, 51–63.

[59] Knoke, T., Paul, C., Hildebrandt, P., Calvas, B., Castro, L. M., Härtl, F., et al. (2016). Compositional diversity of rehabilitated tropical lands supports multiple ecosystem services and buffers uncertainties. *Nature communications*, *7*.

[60] Labiosa, W. B., Forney, W. M., Esnard, A. M., Mitsoya-Boneva, D., Bernknopf, R., Hearn, P., et al. (2013). An integrated multi-criteria scenario evaluation web tool for participatory land-use planning in urbanized areas: The Ecosystem Portfolio Model. *Environmental Modelling & Software*, *41*, 210–222.

[61] Lagabrielle, E., Botta, A., Dare, W., David, D., Aubert, S., & Fabricius, C. (2010). Modelling with stakeholders to integrate biodiversity into land-use planning Lessons learned in Reunion Island (Western Indian Ocean). *Environmental Modelling & Software*, *25*, 1413–1427.

[62] Lambin, E. F., Meyfroidt, P., Rueda, X., Blackman, A., Börner, J., Cerutti, P. O., et al. (2014). Effectiveness and synergies of policy instruments for land use governance in tropical regions. *Global Environmental Change*, *28*, 129–140.

[63] Laterra, P., Nahuelhual, L. (2014). Internalizacion de los servicios ecosistemicos en el ordenamiento territorial rural: bases conceptuales y metodologicas. In E. J. Paruelo JM, P. Laterra, H. Dieguez, M.A. García Collazo, & A. Panizza (Ed.). *Ordenamiento Territorial: Conceptos, Métodos y Experiencias*. Buenos Aires: FAO, MAGyP and FAUBA.

[64] Lescuyer, G. & Nasi, R. (2016). Financial and economic values of bushmeat in rural and urban livelihoods in Cameroon: Inputs to the development of public policy. *International Forestry Review*, *18*.

[65] Liniger, H. P., Mekdaschi Studer, R., Hauert, C., & Gurtner, M. (2011). *Sustainable land management in practice—Guidelines and best practices for Sub-Saharan Africa*. Rome, Italy: TerrAfrica, World Overview of

Conservation Approaches and Technologies（WOCAT）and Food and Agriculture Organization of the United Nations（FAO）.

[66] Lye, L. H.（2006）. Land use planning, environmental management, and the Garden City as an Urban Development Approach in Singapore. In N. J. Chalifour, P. Kameri-Mbote, L. H. LYE, & J. NOLON,（Eds.）, *Land use law for sustainable development（IUCN Academy of Environmental Law Research Studies）*. Cambridge: Cambridge University Press.

[67] Marchamalo, M., & Romero, C.（2007）. Participatory decision-making in land use planning: An application in Costa Rica. *Ecological Economics*, *63*, 740–748.

[68] Merriam-Webster n/d. Merriam-Webster online dictionary.

[69] Metternicht, G., & Suhaedi, E.（2003）. Cartographic tools for improved spatial planning for rural areas: multi-criteria decision making techqniques and geographic information systems. In *Proceedings of the 21st International Cartographic Conference（ICC）Durban*, *2003*（Vol. 16）.

[70] Mexicanos, C. D. L. E. U.（2012）. Ley general del equilibrio ecologico y la proteccion al ambiente. Articulo 3. Mexico.

[71] Meyfroidt, P., & Lambin, E. F.（2011）. Global Forest Transition: Prospects for an End to Deforestation. *Annual Review of Environment and Resources*, *36*, 343–371.

[72] Ministry of Land Infrastructure Transport And Tourism Japan, M.（n.d.）. *An overview of spatial policy in Asian and European Countries*. Retrieved August 25, 2016, from http: //www.mlit.go.jp/kokudokeikaku/international/spw/general/indonesia/index_e.html.

[73] Morphet, J., Tewdwr-Jones, M., Gallent, N., Hall, B., Spry, M. & Howard, M.（2007）. Shaping and delivering tomorrow's places effective practice in spatial planning. In Deloitte, U. A.（ed.）. London, UK.

[74] OECD.（2013）. *Economic Outlook for Southeast Asia, China and India 2014*, OECD Publishing.

[75] Okeke, D.（2015）. Spatial planning as basis for guiding sustainable land use management. *WIT Transactions on State-of-the-art in Science and Engineering*, *86*, 153–183.

[76] Oregon, D. O. L. C. A. D.（n.d.）. *Statewide planning goals*. Portland, USA. Retrieved August 25, 2016, from http: //www.oregon.gov/LCD/Pages/goals.aspx.

[77] Orr, B. J., Cowie, A. L., Castillo Sanchez, V. M., Chasek, P., Crossman, N. D., Erlewein, A., et al.（2017）. *Scientific conceptual framework for land*

degradation neutrality. A report of the science-policy interface. UNCCD.

[78] Owens, S. E. (1992). Land-use planning for energy efficiency. *Applied Energy*, *43*, 81–114.

[79] Paruelo, J., Jobbágy, E., Laterra, P., Dieguez, H., García Collazo, M. A., et al. (2014). *Ordenamiento territorial rural: Conceptos, Métodos y Experiencias*, Buenos Aires, Argentina, FAO, MAGyP and FAUBA.

[80] Paula, B. M., & Oscar, M. N. (2012). Land-use planning based on ecosystem service assessment: A case study in the Southeast Pampas of Argentina. *Agriculture Ecosystems & Environment*, *154*, 34–43.

[81] Pavon, G., & Gonzalez, J. J. (2006). Land use planning in Mexico: As framed by social development and environmental policies. In N. J. Chalifour, P. Kameri-Mbote, L. H. Lye, & J. R. Nolon (Eds.), *Land use law for sustainable development.* Cambridge: Cambridge University Press.

[82] Portland, A. S. O. (n.d.). *Land use planning.* Portland, USA: Audubon Society of Portland. Retrieved August 25, 2016, from http://audubonportland.org/issues/habitat/urban/contactinfo/ urban/landuse.

[83] Regunay, J. M. (2015). Spatial integration of biodiversity in the local land use planning process: The case of Buguey Municipality, Cagayan Province, Philippines. *Asia Life Sciences*, *24*, 235–254.

[84] Reid, W., Berkes, F., Wilbanks, T., & Capistrano, D. (2006). *Bridging scales and knowledge systems: Linking global science and local knowledge in assessments.* Washington: Millennium Ecosystem Assessment and Island Press.

[85] Ritsema, C. J. (2003). Introduction: Soil erosion and participatory land use planning on the Loess Plateau in China. *Catena*, *54*, 1–5.

[86] Rock, F. (2004). Comparative Study on Practices and Lessons in Land Use Planning and Land Allocation in Cambodia, Lao PDR, Thailand and Viet Nam. Plascassier: MRC-GTZ Cooperation Programme, Agriculture, Irrigation and Forestry Programme, and Watershed Management Component.

[87] Rukmana, D. (2015). The change and transformation of Indonesian spatial planning after Suharto's new order regime: The case of the Jakarta Metropolitan Area. *International Planning Studies*, *20*, 350–370.

[88] Sawathvong, S. (2004). Experiences from developing an integrated land-use planning approach for protected areas in the Lao PDR. *Forest Policy and Economics*, *6*, 553–566.

[89] Ser, S. F. E. R. I. S. P. W. G. (2004). *The SER international primer on ecological restoration.* Tucson: Society for Ecological Restoration

International.

[90] Shahid, S. A., Taha, F. K., & Abdelfattah, M. A. (2013). *Developments in soil classification, land use planning and policy implications: Innovative thinking of soil inventory for land use planning and management of land resources* (1st ed.). Dordrecht: Springer, Netherlands.

[91] Shirgaokar, M., Deakin, E., & Duduta, N. (2013). Integrating building energy efficiency with land use and transportation planning in Jinan, China. *Energies, 6*, 646–661.

[92] Smyth, A., & Dumanski, J. (1993). FESLM: *An international framework for evaluating sustainable land management.* Rome, Italy: FAO.

[93] Sudmeier-Rieux, K., Paleo, U. F., Garschagen, M., Estrella, M., Renaud, F. G., & Jaboyedoff, M. (2015). Opportunities, incentives and challenges to risk sensitive land use planning: Lessons from Nepal, Spain and Vietnam. *International Journal of Disaster Risk Reduction, 14*, 205–224.

[94] Tao, T., Tan, Z., & He, X. (2007). Integrating environment into land-use planning through strategic environmental assessment in China: Towards legal frameworks and operational procedures. *Environmental Impact Assessment Review, 27*, 243–265.

[95] Tigistu Gebremeskel, F. F., Bormann, U., & Nigatu, A. (2016). Woreda (district) participatory land use planning in pastoral areas of Ethiopia: development, piloting and opportunities for scaling-up. *Scaling up responsible land governance: Annual World Bank Conference on Land and Poverty.* Washington, DC.

[96] Ting, L., Williamson, I. P., Grant, D., & Parker, J. (1999). Understanding the evolution of land administration systems in some common law countries. *Survey Review, 35*, 83–102.

[97] Truly, S., Erik, M., & Kerrie, A. W. (2015). Designing multifunctional landscapes for forest conservation. *Environmental Research Letters, 10*, 114012.

[98] UN, (1993). Earth Summit: Agenda 21. In Rio, T. U. N. P. O. A. F. (Ed.). New York: UN.

[99] UNCCD, (2015). Report of the Conference of the Parties on its Twelfth Session. Addendum (ICCD/COP (12) /20/Add.1). Bonn, Germany: UNCCD.

[100] UNCCD, (2017a). Committee on Science and Technology, Thirteenth session, Agenda Item 2: Items resulting from the work programme of the Science-Policy Interface for the biennium 2016–2017. ICCD/COP (13) /

CST/L.1. Bonn, Germany.

[101] UNCCD, (2017b). The global land outlook. Retrieved from www.unccd. int/glo.

[102] UNCCD, (2017c). Item 2 (a): 2030 Agenda for Sustainable Development: implications for the United Nations Convention to Combat Desertification. ICCD/COP (13) /2. Bonn, Germany: UNCCD.

[103] UNGA, (2015). Transforming our world: the 2030 Agenda for Sustainable Development. Resolution A/RES/70/1. In AFFAIRS, D. O. E. A. S.(Ed.). New York: United Nations.

[104] Vallejos, M., Aguiar, S., Perez, M., Ligier, D., Huykman, N., Mendez Casariego, H., et al.(2015). *Capítulo 7: Análisis Social para el Ordenamiento Territorial Rural.*

[105] Wagle, U.(2000). The policy science of democracy: The issues of methodology and citizen participation. *Policy Sciences*, *33*, 207–223.

[106] Walker, W. T., Gao, S., & Johnston, R. A.(2007). UPlan—Geographic information system as framework for integrated land use planning model. *Transportation Research Record*, 117–127.

[107] Wallace, G., Barborak, J., & Macfarland, C.(2003). Land use planning and regulation in and around protected areas: a study of best practices and capacity building needs in Mexico and Central America. In *5th World Park Congress.* Durban, South Africa: IUCN.

[108] Walsh, J. R.(2006). Argentina's Constitution and General Environment Law as the Frame work for Comprehensive Land Use Regulation. In N. J. Chalifour, P. Kameri-Mbote, L. H. Lye, & J. R. Nolon(Eds.), *Land use law for sustainable development.* Cambridge University Press.

[109] Wiens, J. A. & Moss, M. R.(1999). *Issues in landscape ecology*, International Association for Landscape Ecology.

[110] Wilson, P., Ringrose-Voase, A., Jacquier, D., Gregory, L., Webb, M., Wong, M. T. F., et al.(2009). Land and soil resources in northern Australia. *Northern Australia land and water science review 2009 Chapter Summaries.* Canberra.

[111] Wong-González, P.(2009). Ordenamiento ecológico y ordenamiento territorial: retos para la gestión del desarrollo regional sustentable en el siglo XXI. *Estudios sociales(Hermosillo, Son.)*, *17*, 11–39.

[112] Zivanovic-Miljkovic, J., Crncevic, T., & Maric, I.(2012). Land use planning for sustainable development of peri-urban zones. *Spatium*, 15–22.

译后记

　　国土空间规划改革是一项使命光荣、任务艰巨的改革行动，既要有坚实的社会实践支撑，也要有科学的规划理论指导；既要符合中国国情，也要借鉴国外经验。武汉市规划研究院依托武汉市国土资源和城乡规划合署办公体制优势，长期致力于"多规合一"，在国土空间规划编制、实施管理和政策研究方面具有鲜明的特色。值此良机，武汉市规划研究院组织团队对《土地使用和空间规划——实现自然资源的可持续管理》一书进行了翻译，寄希望为国土空间规划事业尽一份绵薄之力。中译本高度尊重原著观点，并对原著中一些特定的专有名词和相关背景增设译者注，便于读者理解。同时，由于原著附录中关于中国的案例主要为传统的土地利用规划体系，考虑到中国正在重构国土空间规划体系，国土空间规划编制和实施管理尚处于不断探索与实践的阶段，因此中译本暂不涉及中国案例。

　　中译本的完成得益于翻译团队的共同努力。首先，感谢武汉市规划研究院陈韦院长（负责本书统稿）、杨昔（负责本书正文翻译）、朱志兵（负责本书附录翻译）、徐放（欧盟、丹麦、南非案例）、王立舟（阿根廷、墨西哥、新加坡案例）、宁暕（澳大利亚西澳大利亚州、美国俄勒冈州案例）、许琴（印度尼西亚案例、附录A、附录B）对本书翻译工作付出的劳动。其次，感谢武汉市规划研究院胡飞副院长和肖志中首席规划师对本书翻译稿的审校工作。此外，还要感谢余亦奇和郑玥的辛勤付出，两位既是同学、同事又是夫妻搭档，在2020年新冠疫情武汉"封城"期间，两位在家"闭关"两月、共图大业，从一开始难以心定到后来心如止水般译稿，如切如磋、如琢如磨。最后，感谢吴志强院士在百忙之中为译本作序，并作了热情洋溢的推荐。正是有了上述各位的支持与付出，才使本译著的出版成为可能。

武汉市规划研究院翻译团队

2020 年 12 月